高等教育"十四五"少数民族预科系列教材

高等数学同步辅导

王 敏 王勇兵 主编

中国铁道出版社有限公司
CHINA RAILWAY PUBLISHING HOUSE CO., LTD.

内 容 简 介

本书是普通高等学校少数民族预科教材《高等数学》(王敏、王勇兵主编,中国铁道出版社有限公司出版)的同步辅助教材,其章节及知识点设置与主教材保持一致。全书共七章,每章均由基本要求、内容概要、同步练习、章节检测和答案解析五部分构成。此外,本书配有四套期末综合测试题,并附有详细的参考答案。

本书基于"以练助学、以学促用"的原则,以高等数学的基础理论和基本知识为重点,注重基本技能的培养和基本思想方法的渗透,挖掘数学的人文价值和思政元素,增强学生分析问题和解决问题的能力,提升学生的数学素养。

本书适合作为民族预科高等数学课程的配套教材,也可作为教师命题、学生练习、专升本考试的参考资料。

图书在版编目(CIP)数据

高等数学同步辅导/王敏,王勇兵主编. —北京:中国铁道出版社有限公司,2022.6(2024.4重印)

高等教育"十四五"少数民族预科系列教材

ISBN 978-7-113-29127-3

Ⅰ.①高… Ⅱ.①王… ②王… Ⅲ.①高等数学-高等学校-教学参考资料 Ⅳ.①O13

中国版本图书馆 CIP 数据核字(2022)第 080026 号

书　　名:	高等数学同步辅导
作　　者:	王　敏　王勇兵

策　　划:	曾露平	编辑部电话:(010)63551926
责任编辑:	曾露平　徐盼欣	
封面设计:	高博越	
责任校对:	孙　玫	
责任印制:	樊启鹏	

出版发行:中国铁道出版社有限公司(100054,北京市西城区右安门西街8号)
网　　址:http://www.tdpress.com/51eds/
印　　刷:三河市宏盛印务有限公司
版　　次:2022年6月第1版　2024年4月第2次印刷
开　　本:787 mm×1 092 mm　1/16　印张:10.75　字数:280千
书　　号:ISBN 978-7-113-29127-3
定　　价:32.00元

版权所有　侵权必究

凡购买铁道版图书,如有印制质量问题,请与本社教材图书营销部联系调换。电话:(010)63550836
打击盗版举报电话:(010)63549461

前　　言

本书是普通高等学校少数民族预科教材《高等数学》(王敏、王勇兵主编,中国铁道出版社有限公司出版)的同步辅助教材。

本书共七章,考虑到理论与实践的融合,每章包括基本要求、内容概要、同步练习、章节检测和答案解析五部分,另外附有四套精细化的期末综合测试题及详解。

基本要求:以高等学校少数民族预科《数学》教学大纲为依据,分条列出每章的教学目标和要求,明确学生的学习方向,便于学生自学。

内容概要:按照主教材内容的编排次序,系统整理了每章的基本概念、性质、定理、法则和重要结论,以点带面,快速形成知识网络,便于学生训练时查阅和复习。

同步练习:以每章重要知识点为专题,精选契合度高、针对性强、难度适当、容量丰富的练习题供学生强化训练,促进学生数学素养的提升。

章节检测:依据每章的基本要求,对学习效果进行自我检测,便于学生自我认知和修正学习目标。

答案解析:以专题顺序和题号次序详细给出同步练习和章节检测部分的参考答案,便于学生练习和检测后自查。

本书由河北师范大学附属民族学院王敏、王勇兵任主编。本书的编写和出版得到了河北师范大学附属民族学院有关领导和老师的大力支持,在此致以最诚挚的谢意。

由于编者水平有限,加之时间仓促,书中疏漏及不妥之处在所难免,恳请广大读者批评指正。

编　者

2022 年 3 月

目 录

第一章 函数 .... (1)

    一、基本要求 .... (1)

    二、内容概要 .... (1)

    三、同步练习 .... (5)

    四、章节检测 .... (12)

    五、答案解析 .... (18)

第二章 极限与连续 .... (21)

    一、基本要求 .... (21)

    二、内容概要 .... (21)

    三、同步练习 .... (27)

    四、章节检测 .... (39)

    五、答案解析 .... (46)

第三章 导数与微分 .... (49)

    一、基本要求 .... (49)

    二、内容概要 .... (49)

    三、同步练习 .... (53)

    四、章节检测 .... (60)

    五、答案解析 .... (67)

第四章 微分中值定理与导数的应用 .... (70)

    一、基本要求 .... (70)

    二、内容概要 .... (70)

    三、同步练习 .... (74)

    四、章节检测 .... (82)

    五、答案解析 .... (89)

第一学期期末综合测试试卷（A卷） .... (94)

第一学期期末综合测试试卷（B卷） .... (98)

第一学期期末综合测试试卷（A卷）参考答案 .... (101)

第一学期期末综合测试试卷(B卷)参考答案 ……………………………………… (103)

第五章 不定积分 ……………………………………………………………… (105)

 一、基本要求 …………………………………………………………………… (105)

 二、内容概要 …………………………………………………………………… (105)

 三、同步练习 …………………………………………………………………… (107)

 四、章节检测 …………………………………………………………………… (112)

 五、答案解析 …………………………………………………………………… (117)

第六章 定积分及其应用 ……………………………………………………… (120)

 一、基本要求 …………………………………………………………………… (120)

 二、内容概要 …………………………………………………………………… (120)

 三、同步练习 …………………………………………………………………… (125)

 四、章节检测 …………………………………………………………………… (134)

 五、答案解析 …………………………………………………………………… (138)

第七章 微分方程 ……………………………………………………………… (141)

 一、基本要求 …………………………………………………………………… (141)

 二、内容概要 …………………………………………………………………… (141)

 三、同步练习 …………………………………………………………………… (143)

 四、章节检测 …………………………………………………………………… (149)

 五、答案解析 …………………………………………………………………… (152)

第二学期期末综合测试试卷(A卷) ………………………………………………… (155)

第二学期期末综合测试试卷(B卷) ………………………………………………… (159)

第二学期期末综合测试试卷(A卷)参考答案 ……………………………………… (162)

第二学期期末综合测试试卷(B卷)参考答案 ……………………………………… (164)

第一章　函　数

不断积累，飞跃必来，突破随之。

——华罗庚

华罗庚(1910 年 11 月 12 日—1985 年 6 月 12 日)，出生于江苏常州金坛区，祖籍江苏丹阳，数学家，中国科学院院士，美国国家科学院外籍院士，第三世界科学院院士，联邦德国巴伐利亚科学院院士，中国第一届至第六届全国人大常委会委员。

华罗庚是中国解析数论、矩阵几何学、典型群、自守函数论与多元复变函数论等多方面研究的创始人和开拓者，并被列为芝加哥科学技术博物馆当今世界 88 位数学伟人之一。国际上以华氏命名的数学科研成果有"华氏定理"、"华氏不等式"和"华-王方法"等。

一、基本要求

1. 了解变量、区间和绝对值的概念，理解绝对值的性质和邻域的概念。
2. 理解函数的概念，会求函数的定义域、表达式和函数值。
3. 理解分段函数的概念，会求分段函数的定义域和函数值。
4. 了解函数的基本性质，会判断函数的有界性、单调性、奇偶性和周期性。
5. 了解反函数的概念，会求函数的反函数。
6. 理解复合函数的概念，会求复合函数的表达式及定义域，掌握把复合函数分解成较简单函数的方法。
7. 掌握基本初等函数的性质和图形。
8. 了解初等函数和幂指函数的概念。

二、内容概要

(一) 预备知识

1. 变量

常量是在某一过程中数值始终保持不变的量，通常用字母 a,b,c 等表示，在数轴上表示一个定点。

变量是指在某一过程中数值不断变化的量，通常用字母 x,y,z 等表示，在数轴上表示动点。

2. 区间

有限区间分为：

(1) 开区间：$(a,b)=\{x\mid a<x<b\}$。

(2) 闭区间：$[a,b]=\{x\mid a\leqslant x\leqslant b\}$。

(3) 半开半闭区间：$[a,b)=\{x\mid a\leqslant x<b\}$，$(a,b]=\{x\mid a<x\leqslant b\}$。

无限区间有：

$[a,+\infty)=\{x\mid a\leqslant x\}, (a,+\infty)=\{x\mid a<x\}$,
$(-\infty,b]=\{x\mid x\leqslant b\}, (-\infty,b)=\{x\mid x<b\}$,
$(-\infty,+\infty)=\mathbf{R}$。

3. 绝对值

(1)定义:设 x 是一个实数,则 x 的绝对值定义为

$$|x|=\begin{cases}x, & x\geqslant 0\\ -x, & x<0\end{cases}。$$

(2)几何意义:$|x|$ 表示点 x 到原点 O 的距离。

(3)性质:设 x,y 为任意实数,则:

① $|x|\geqslant 0$;

② $|-x|=|x|$;

③ $-|x|\leqslant x\leqslant |x|$;

④ $|x|<a(a>0)\Leftrightarrow -a<x<a$;

⑤ $|x|>c(c>0)\Leftrightarrow x>c$ 或 $x<-c$;

⑥ $|x|-|y|\leqslant |x\pm y|\leqslant |x|+|y|$;

⑦ $|xy|=|x|\cdot |y|$;

⑧ $\left|\dfrac{x}{y}\right|=\dfrac{|x|}{|y|}(y\neq 0)$。

4. 邻域

设 x_0,δ 是两个实数,且 $\delta>0$,则开区间 $(x_0-\delta,x_0+\delta)$(即 $|x-x_0|<\delta$)称为点 x_0 的 δ 邻域,记为 $U(x_0,\delta)$,点 x_0 称为该邻域的中心,δ 称为该邻域的半径。

若把邻域的中心 x_0 去掉,即

$$(x_0-\delta,x_0)\cup(x_0,x_0+\delta)(\text{即 } 0<|x-x_0|<\delta)$$

称为点 x_0 的去心 δ 邻域,记为 $\overset{\circ}{U}(x_0,\delta)$,其中 $(x_0-\delta,x_0)$ 称为 x_0 的左邻域,$(x_0,x_0+\delta)$ 称为 x_0 的右邻域。

若不强调 δ 的大小,则点 x_0 的邻域简记为 $U(x_0)$,点 x_0 的去心邻域简记为 $\overset{\circ}{U}(x_0)$。

(二)函数的概念

1. 函数的定义

给定一个数集 I,如果对于每一个 $x\in I$,按照一定的法则,都有唯一的 y 与它相对应,则称 y 是 x 的函数,记作

$$y=f(x), x\in I,$$

其中 x 称为自变量,y 称为函数或因变量,数集 I 称为函数的定义域。

(1)值域:全体函数值所构成的集合称为函数的值域,记作 $f(I)$,即

$$f(I)=\{y\mid y=f(x), x\in I\}。$$

(2)函数的两要素:定义域和对应法则。

(3)两个函数相同:如果两个函数的定义域、对应法则分别都相同,则称这两个函数相同。

(4)分段函数:如果函数在其定义域的不同部分,对应法则由不同的解析式表达,则称这种函数为分段函数。

2. 函数的表示法

函数的表示法一般有三种：表格法、图示法和解析法（又称公式法）。

（三）函数的性质

1. 有界性

设 $f(x)$ 为定义在区间 I 上的函数，若存在数 A（或 B），使得对一切 $x\in I$，都有
$$f(x)\leqslant A(\text{或 } f(x)\geqslant B)$$
成立，则称 $f(x)$ 在区间 I 内有上界（或有下界）。

设 $f(x)$ 为定义在区间 I 上的函数，如果存在正数 M，对一切 $x\in I$，都有
$$|f(x)|\leqslant M$$
成立，则称 $f(x)$ 在区间 I 内有界。如果这样的 M 不存在，就称函数 $f(x)$ 在区间 I 内无界。

$f(x)$ 为有界函数的充分必要条件是 $f(x)$ 既有上界又有下界。

2. 单调性

如果对于区间 I 上任意两点 x_1 及 x_2，当 $x_1<x_2$ 时，恒有
$$f(x_1)<f(x_2)(\text{或 } f(x_1)>f(x_2)),$$
则称函数 $f(x)$ 在区间 I 上是单调增加的（或单调减少的）。

单调增加和单调减少的函数统称为单调函数。

3. 奇偶性

设函数 $f(x)$ 的定义域 I 关于原点对称（即若 $x\in I$，则有 $-x\in I$），如果对于任意 $x\in I$，都有
$$f(-x)=-f(x)(\text{或 } f(-x)=f(x))$$
恒成立，则称 $f(x)$ 为奇函数（或偶函数）。

4. 周期性

设函数 $f(x)$ 在区间 I 内有定义，如果存在非零常数 T，使得对于任意 $x\in I$，恒有
$$f(x+T)=f(x)(x+T\in I),$$
则称 $f(x)$ 为周期函数，T 称为 $f(x)$ 的周期。

(1) 如果 T 为 $f(x)$ 的周期，则 $nT(n=\pm1,\pm2,\cdots)$ 也是 $f(x)$ 的周期。

(2) 通常所说函数的周期是指最小正周期。

(3) $\sin x$ 和 $\cos x$ 的周期是 2π，$\tan x$ 和 $\cot x$ 的周期是 π。

(4) 设函数 $f(x)$ 是以 T 为周期的周期函数，则 $f(ax+b)(a\neq 0)$ 也是周期函数，其周期为 $\dfrac{T}{|a|}$。

（四）反函数

1. 定义

设函数 $y=f(x)$ 的定义域为 I，如果对每一个 $y\in f(I)$，都有唯一的 $x\in I$，使得 $f(x)=y$，则 x 是定义在 $f(I)$ 上以 y 为自变量的函数，记此函数为
$$x=f^{-1}(y), y\in f(I),$$
并称其为函数 $y=f(x)$ 的反函数，而 $y=f(x)$ 称为直接函数。

习惯上，常用 x 表示自变量，y 表示因变量。因此，$y=f(x)$ 的反函数 $x=f^{-1}(y)$ 常记为

$$y = f^{-1}(x), x \in f(I)。$$

2. 性质

(1) $y = f(x)$ 与 $y = f^{-1}(x)$ 互为反函数,且 $y = f(x)$ 的定义域和值域分别是 $y = f^{-1}(x)$ 的值域和定义域。

(2) 在同一个直角坐标系下,函数 $y = f(x)$ 与其反函数 $y = f^{-1}(x)$ 的图形关于直线 $y = x$ 对称。

3. 存在性

如果函数 $y = f(x)$ 在区间 I 上单调增加(或单调减少),则它的反函数 $y = f^{-1}(x)$ 存在且在 $f(I)$ 上也是单调增加(或单调减少)的。

(五)复合函数

已知函数

$$y = f(u), u \in I_1,$$
$$u = g(x), x \in I_2,$$

如果 $I_1 \cap g(I_2)$ 不是空集,则称函数

$$y = f[g(x)], x \in \{x \mid g(x) \in I_1\}$$

为由函数 $y = f(u)$ 和 $u = g(x)$ 复合而成的复合函数,其中 u 称为中间变量。

(1) 复合的前提条件:$I_1 \cap g(I_2) \neq \varnothing$。

(2) 复合函数的定义域:既要保证内函数有定义,又要确保内函数的函数值在外函数的定义域内。

(3) 复合函数的分解:一般地,由外向里拆,直至没有复合结构为止。

(六)初等函数

1. 基本初等函数

幂函数、指数函数、对数函数、三角函数和反三角函数这五类函数统称为基本初等函数。

(1) 幂函数:$y = x^\mu$,μ 为实数。

(2) 指数函数:$y = a^x (a > 0, a \neq 1)$,$x \in (-\infty, +\infty)$,$y \in (0, +\infty)$。

(3) 对数函数:$y = \log_a x (a > 0, a \neq 1)$,$x \in (0, +\infty)$,它是指数函数 $y = a^x$ 的反函数。

(4) 三角函数:

正弦函数 $y = \sin x$,其定义域为 $(-\infty, +\infty)$,值域为 $[-1, 1]$。

余弦函数 $y = \cos x$,其定义域为 $(-\infty, +\infty)$,值域为 $[-1, 1]$。

正切函数 $y = \tan x$,其定义域为 $\left\{x \mid x \neq k\pi + \dfrac{\pi}{2}, k = 0, \pm 1, \pm 2, \cdots\right\}$,值域为 $(-\infty, +\infty)$。

余切函数 $y = \cot x$,其定义域为 $\{x \mid x \neq k\pi, k = 0, \pm 1, \pm 2, \cdots\}$,值域为 $(-\infty, +\infty)$。

正割函数 $\sec x = \dfrac{1}{\cos x}$,余割函数 $\csc x = \dfrac{1}{\sin x}$。

(5) 反三角函数:

反正弦函数 $y = \arcsin x$,定义域为 $[-1, 1]$,值域为 $\left[-\dfrac{\pi}{2}, \dfrac{\pi}{2}\right]$。

反余弦函数 $y = \arccos x$,其定义域为 $[-1, 1]$,值域为 $[0, \pi]$。

反正切函数 $y = \arctan x$,其定义域为 $(-\infty, +\infty)$,值域为 $\left(-\dfrac{\pi}{2}, \dfrac{\pi}{2}\right)$。

反余切函数 $y=\text{arccot}\, x$，其定义域为 $(-\infty,+\infty)$，值域为 $(0,\pi)$。

2. 初等函数

由基本初等函数和常数经过有限次的四则运算和有限次的复合步骤所构成的并可用一个式子表示的函数，称为初等函数。

形如 $[f(x)]^{g(x)}$ 的函数称为幂指函数，其中 $f(x),g(x)$ 是初等函数，且 $f(x)>0$。对幂指函数，有恒等式 $[f(x)]^{g(x)}=e^{g(x)\ln f(x)}$，因此幂指函数是初等函数。

三、同步练习

专题一：预备知识

1. 若 $|a|=-a$，则 a 一定是（　　）。
   A. 正数　　　　　　B. 负数　　　　　　C. 非正数　　　　　　D. 非负数
2. 下列说法正确的是（　　）。
   A. 连续变化的变量可以用区间来表示　　　　B. 水的沸点是常量，人的体温是变量
   C. $\{x\,|\,x\geqslant 2\}=[2,+\infty]$　　　　　　　　D. $\{x\,|\,1<x<2\}=(2,1)$
3. 绝对值不大于 11.1 的整数有（　　）。
   A. 11 个　　　　　　B. 12 个　　　　　　C. 22 个　　　　　　D. 23 个
4. 不等式 $|x|-|y|\leqslant|x-y|$ 中"$=$"成立的条件是（　　）。
   A. $xy\geqslant 0,|x|\geqslant|y|$　　　　　　　B. $xy\leqslant 0,|x|\geqslant|y|$
   C. $xy\geqslant 0$　　　　　　　　　　　D. $xy\leqslant 0$
5. 区间 $\left(\dfrac{3}{2},\dfrac{5}{2}\right)$ 可化为邻域 $U(a,\delta)$ 形式，则该领域可表示为（　　）。
   A. $U\left(2,\dfrac{1}{2}\right)$　　　B. $U\left(3,\dfrac{1}{2}\right)$　　　C. $U\left(4,\dfrac{1}{2}\right)$　　　D. $U\left(5,\dfrac{1}{2}\right)$
6. 不等式 $|3x-2|>1$ 的解集为（　　）。
   A. $\left(-\infty,-\dfrac{1}{3}\right)\cup(1,+\infty)$　　　　B. $\left(-\dfrac{1}{3},1\right)$
   C. $\left(-\infty,\dfrac{1}{3}\right)\cup(1,+\infty)$　　　　　D. $\left(\dfrac{1}{3},1\right)$

专题二：函数的概念

7. 设集合 $A=\{x\,|\,0\leqslant x\leqslant 2\}$，$B=\{y\,|\,0\leqslant y\leqslant 2\}$，则下列四个图形中，能表示从集合 A 到集合 B 的函数关系的是（　　）。

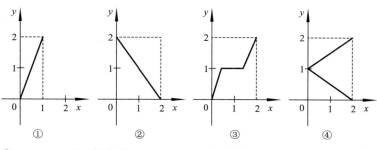

　　A. ①②③④　　　　　B. ①②③　　　　　C. ②③　　　　　D. ②

8. 已知函数 $f(x)=x^2+2x$,则 $f(2)f\left(\dfrac{1}{2}\right)=$( )。

A. 1　　　　　　B. 3　　　　　　C. 5　　　　　　D. 10

9. 在下列函数中,函数相同的是( )。

A. $\ln x^2$ 与 $2\ln x$　　　　　　B. x 与 $\sqrt{x^2}$

C. $\dfrac{x-1}{x^2-1}$ 与 $\dfrac{1}{1+x}$　　　　　　D. $\sqrt[3]{x^4-x^3}$ 与 $x\cdot\sqrt[3]{x-1}$

10. 下列各对函数中,相同的函数是( )。

A. $f(x)=\dfrac{|x|}{x},g(x)=1$　　　　　　B. $f(x)=|x|,g(x)=\sqrt{x^2}$

C. $f(x)=x,g(x)=(\sqrt{x})^2$　　　　　　D. $f(x)=\lg x^2,g(x)=2\lg x$

11. 下列函数中,与函数 $y=x$ 有相同图像的是( )。

A. $y=\sqrt{x^2}$　　　　　　B. $y=a^{\log_a x}(a>0,$ 且 $a\neq 1)$

C. $y=\dfrac{x^2}{x}$　　　　　　D. $y=\log_a a^x(a>0,$ 且 $a\neq 1)$

12. 函数 $f(x)=\sqrt{1-x^2}+\sqrt{x^2-1}$ 的定义域是( )。

A. $[-1,1]$　　　　　　B. $\{-1,1\}$

C. $(-1,1)$　　　　　　D. $(-\infty,-1]\cup[1,+\infty)$

13. 函数 $y=\dfrac{1}{2x-3}$ 的定义域是( )。

A. $(-\infty,+\infty)$　　　　　　B. $\left(-\infty,\dfrac{3}{2}\right)\cup\left(\dfrac{3}{2},+\infty\right)$

C. $\left[\dfrac{3}{2},+\infty\right)$　　　　　　D. $\left(\dfrac{3}{2},+\infty\right)$

14. 函数 $f(x)=\sqrt{\dfrac{1+x}{1-x}}$ 的定义域是( )。

A. $(-\infty,+\infty)$　　B. $(0,+\infty)$　　C. $(-1,1)$　　D. $[-1,1]$

15. 函数 $y=\ln(1-x)+\sqrt{x+2}$ 的定义域是( )。

A. $[-2,1]$　　B. $[-2,1)$　　C. $(-2,1]$　　D. $(-2,1)$

16. 函数 $y=\sqrt{2+x}+\dfrac{1}{\lg(1-x)}$ 的定义域是( )。

A. $[-2,1]$　　B. $[-2,0)\cup(0,1)$　　C. $(-2,1]$　　D. $(-2,1)$

17. 函数 $y=\lg\dfrac{x}{x-2}+\arcsin\dfrac{x}{3}$ 的定义域是( )。

A. $[-3,0)\cup(2,3]$　　　　　　B. $[-3,3]$

C. $[-3,0)\cup(1,3]$　　　　　　D. $[-2,0)\cup(1,2)$

18. 函数 $y=\sqrt{\lg(2-x)}$ 的定义域是( )。

A. $(-\infty,+\infty)$　　B. $(-\infty,-2]$　　C. $(-\infty,0]$　　D. $(-\infty,1]$

19. 函数 $y=\dfrac{1}{\lg|x-5|}$ 的定义域是( )。

A. $(-\infty,4)\cup(4,+\infty)$　　　　　　B. $(-\infty,5)\cup(5,+\infty)$

C. $(-\infty,6)\cup(6,+\infty)$　　　　　　D. $(-\infty,4)\cup(4,5)\cup(5,6)\cup(6,+\infty)$

20. 函数 $y=x+\dfrac{|x|}{x}$ 的图像是( )。

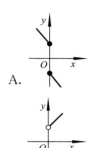

A.　　　　　　　　　　　　　B.

C.　　　　　　　　　　　　　D.

21. 函数 $y=\begin{cases}\sqrt{4-x^2},&|x|<2\\x^2-1,&2\leqslant|x|\leqslant 4\end{cases}$ 的定义域为( )。

A. $[-2,2]$　　　B. $[-2,4]$　　　C. $[2,4]$　　　D. $[-4,4]$

22. 某城市出租车起步价为 10 元,最长可租乘 3 km(含 3 km),以后每 1 km 收费 1.6 元(不足 1 km,按照 1 km 计费). 若出租车行驶在不需要等待的公路上,则出租车的费用 y(元)与行驶的里程 x(km)之间的函数图像是( )。

A.　　　　　　　　　　　　　B.

C.　　　　　　　　　　　　　D.

23. 设函数 $f(x)=\begin{cases}2\mathrm{e}^{x-1},&x<2\\\log_3(x^2-1),&x\geqslant 2\end{cases}$,则 $f(f(2))=($)。

A. 0　　　　　B. 1　　　　　C. 2　　　　　D. 3

24. 设函数 $f(x)=\begin{cases}x+2,&x<0\\2^x,&0\leqslant x<2\\(x-2)^2,&x\geqslant 2\end{cases}$,则下列等式不成立的是( )。

A. $f(0)=f(1)$　　　　　　　　B. $f(0)=f(-1)$
C. $f(-2)=f(2)$　　　　　　　D. $f(-1)=f(3)$

25. 设 $f\left(\sin\dfrac{x}{2}\right)=\cos x+1$,则 $f(x)=($)。

A. $2x^2-2$　　　B. $2-2x^2$　　　C. $1+x^2$　　　D. $1-x^2$

26. 若 $f(\cos x)=\dfrac{\sin^2 x}{\cos 2x}$,则 $f(x)=($)。

A. $\dfrac{1+x^2}{2x^2-1}$　　　B. $\dfrac{1-x^2}{2x^2+1}$　　　C. $\dfrac{1-x^2}{2x^2-1}$　　　D. $\dfrac{1+x^2}{2x^2+1}$

27. 若 $f(3x)=\log_2\sqrt{\dfrac{9x+5}{2}}$,则 $f(1)=(\quad)$。

A. 1　　　　　B. $\log_2\sqrt{7}$　　　　C. -1　　　　D. $-\log_2\sqrt{7}$

28. 设 $f(x)=3ax^2+6x$,若 $f(-1)=4$,则 $a=(\quad)$。

A. $\dfrac{19}{3}$　　　　B. $\dfrac{16}{3}$　　　　C. $\dfrac{13}{3}$　　　　D. $\dfrac{10}{3}$

29. 设 $f\left(x+\dfrac{1}{x}\right)=x^2+\dfrac{1}{x^2}-1$,则 $f(x)=$ _____。

专题三：函数的性质

30. 下列函数中,属于有界函数的是($\quad$)。

A. $y=\arctan x$　　　B. $y=\tan x$　　　C. $y=\dfrac{1}{x}$　　　D. $y=2^x$

31. 设函数 $f(x)=x|x|+px$,则($\quad$)。

A. $f(x)$ 为偶函数　　　　　　　　　B. $f(x)$ 为奇函数
C. $f(x)$ 不具有奇偶性　　　　　　　D. $f(x)$ 的奇偶性与 p 有关

32. 下列函数在 $(-\infty,+\infty)$ 中是增函数的是($\quad$)。

A. $y=2^x$　　　B. $y=\left(\dfrac{1}{10}\right)^x$　　　C. $y=\sin x$　　　D. $y=x^2$

33. 下列函数在 $(-\infty,+\infty)$ 中是减函数的是($\quad$)。

A. $y=3^x$　　　B. $y=x^3$　　　C. $y=\left(\dfrac{1}{2}\right)^x$　　　D. $y=\cos x$

34. 点 $P(-2,1)$ 关于 x 轴的对称点坐标为($\quad$)。

A. $(-2,1)$　　　B. $(2,1)$　　　C. $(2,-1)$　　　D. $(-2,-1)$

35. 点 $P(-2,1)$ 关于 y 轴的对称点坐标为($\quad$)。

A. $(-2,1)$　　　B. $(2,1)$　　　C. $(2,-1)$　　　D. $(-2,-1)$

36. 点 $P(-2,1)$ 关于原点 O 的对称点坐标为($\quad$)。

A. $(-2,1)$　　　B. $(2,1)$　　　C. $(2,-1)$　　　D. $(-2,-1)$

37. 函数 $y=\dfrac{1}{x^2+1}$ 是($\quad$)。

A. 偶函数　　　B. 奇函数　　　C. 单调函数　　　D. 无界函数

38. 函数 $f(x)=|2-x|$ 是($\quad$)。

A. 偶函数　　　B. 非奇非偶函数　　　C. 奇函数　　　D. 周期函数

39. 下列函数为偶函数的是($\quad$)。

A. $f(x)=\dfrac{\sin x}{x}$　　　　　　　　B. $f(x)=\arccos x$

C. $f(x)=\sin x+\cos x$　　　　　　D. $f(x)=\dfrac{1}{2}(e^x-e^{-x})$

40. 下列函数为奇函数的是($\quad$)。

A. $y=x+3$　　　B. $y=x^2+1$　　　C. $y=x^3$　　　D. $y=x^4+1$

41. 下列函数为偶函数的是($\quad$)。

A. $f(x)=e^x$　　　　　　　　　　　B. $f(x)=x^3\sin x$

C. $f(x)=x^3+1$ D. $f(x)=x^3\cos x$

42. 下列函数为奇函数的是(　　)。
A. $y=x^3-1$ B. $y=\ln x$ C. $y=x+\sin x$ D. $y=x^2+\cos x$

43. 下列函数为偶函数的是(　　)。
A. $f(x)=\left(\dfrac{1}{2}\right)^x$ B. $f(x)=x^3\cos x$
C. $f(x)=x^3+2$ D. $f(x)=\ln|x|$

44. 函数 $y=\dfrac{x\sin x}{1+x^2}$ 是(　　)。
A. 偶函数 B. 非奇非偶函数 C. 奇函数 D. 既奇又偶函数

45. 函数 $y=\log_a(x+\sqrt{x^2+1})$ 是(　　)。
A. 偶函数 B. 奇函数 C. 非奇非偶函数 D. 既奇又偶函数

46. 函数 $y=\cos x$ 与 $y=\arcsin x$ 都是(　　)。
A. 有界函数 B. 周期函数 C. 奇函数 D. 单调函数

47. 若函数 $f(x)$ 是定义在 $(-\infty,+\infty)$ 内的任意函数,则下列函数(　　)是偶函数。
A. $f(|x|)$ B. $|f(x)|$ C. $[f(x)]^2$ D. $f(x)-f(-x)$

48. 函数 $y=\ln|x|-\sec x$ 是(　　)。
A. 奇函数 B. 偶函数 C. 周期函数 D. 有界函数

49. 函数 $y=\sin x\cos x+3$ 的周期是(　　)。
A. 2π B. $\dfrac{\pi}{2}$ C. π D. π^2

50. 设函数 $y_1=|\sin x|$,$y_2=\sin\dfrac{x}{2}$,$y_3=\tan(x+1)$,$y_4=\arctan(2x)$,在这些函数中,周期为 π 的函数的个数是(　　)。
A. 1 B. 2 C. 3 D. 4

51. 函数 $y=\tan 2x$ 的最小正周期为(　　)。
A. π B. 2π C. $\dfrac{\pi}{2}$ D. $\dfrac{\pi}{4}$

52. 下列函数中,周期为 $\dfrac{\pi}{2}$ 的函数是(　　)。
A. $y=\cos^2 x$ B. $y=\sin x+\sin 2x+\sin 3x$
C. $y=1+\sin \pi x$ D. $y=1+|\sin 2x|$

专题四:反函数

53. 函数 $y=f(x)$ 与其反函数 $y=f^{-1}(x)$ 的图形关于(　　)对称。
A. $y=0$ B. $x=0$ C. $y=x$ D. $y=-x$

54. 函数 $y=\dfrac{3^x}{3^x+1}$ 的反函数是(　　)。
A. $y=\log_3\left(\dfrac{x}{x+1}\right)$ B. $y=\log_3\left(\dfrac{x}{1-x}\right)$
C. $y=\log_3\left(\dfrac{x}{x-1}\right)$ D. $y=\log_3\left(\dfrac{1-x}{x}\right)$

55. 函数 $y=10^{x-1}-2$ 的反函数是( )。

A. $y=\dfrac{1}{2}\lg\dfrac{x}{x-2}$

B. $y=\log_x 2$

C. $y=\log_2 \dfrac{1}{x}$

D. $y=1+\lg(x+2)$

56. 函数 $y=e^x$ 的图像与函数 $y=f(x)$ 的图像关于直线 $y=x$ 对称,则( )。

A. $f(2x)=e^{2x}$

B. $f(2x)=\ln 2 \cdot \ln x$

C. $f(2x)=2e^x$

D. $f(2x)=\ln 2+\ln x$

57. 函数 $y=1+3^{-x}$ 的反函数是 $y=g(x)$,则 $g(10)=$( )。

A. 2 B. -2 C. 3 D. -1

58. 函数 $y=\log_2(x+1)$ 的反函数图像经过点( )。

A. $(1,2)$ B. $(1,0)$ C. $(2,3)$ D. $(3,2)$

59. 幂函数 $f(x)$ 的图像过点 $(3,\sqrt[4]{27})$,则 $f^{-1}(x)=$ _____。

60. 函数 $f(x)=\dfrac{x}{x+1}$,则 $f^{-1}\left(\dfrac{1}{2}\right)=$ _____。

61. 函数 $f(x)$ 的反函数是 $f^{-1}(x)=\sqrt{x}-1(x\geqslant 0)$,则函数 $f(x)$ 的定义域为_____。

专题五:复合函数

62. 设 $f(x)=\ln(x+1)$,则 $f[f(x)]$ 的定义域是( )。

A. $(0,+\infty)$ B. $(1,+\infty)$ C. $\left(\dfrac{1}{e}-1,+\infty\right)$ D. $(0,e)$

63. 下列式子中,y 能成为 x 的函数的是( )。

A. $y=\ln u, u=-x^2$

B. $y=\dfrac{1}{\sqrt{u}}, u=2x-x^2-1$

C. $y=\sin u, u=-x^2$

D. $y=\arccos u, u=3+x^2$

64. 已知 $f(x)$ 的定义域是 $[-2,2]$,则 $f(x^2-1)$ 的定义域是( )。

A. $[-1,\sqrt{3}]$ B. $[0,\sqrt{3}]$ C. $[-\sqrt{3},\sqrt{3}]$ D. $[-4,4]$

65. 设 $f(x)=x+1$,则 $f[f(x)+1]=$( )。

A. x B. $x+1$ C. $x+2$ D. $x+3$

66. 函数 $y=\cos^2(2x+1)$ 的复合过程是( )。

A. $y=\cos^2 u, u=2x+1$

B. $y=u^2, u=\cos(2x+1)$

C. $y=\cos u, u=v^2, v=2x+1$

D. $y=u^2, u=\cos v, v=2x+1$

67. 若函数 $f(e^x)=x+1$,则 $f(x)=$( )。

A. e^x+1 B. $x+1$ C. $\ln(x+1)$ D. $\ln x+1$

68. 若 $\varphi(t)=t^3+1$,则 $\varphi(t^3+1)=$( )。

A. t^3+1 B. t^6+1 C. t^6+2 D. $t^9+3t^6+3t^3+2$

69. 若函数 $f(x)$ 的定义域为 $[-2,2]$,则 $f(\log_3 x)$ 的定义域为( )。

A. $\left[-\dfrac{1}{3},0\right)\cup(0,3]$ B. $\left[\dfrac{1}{3},3\right]$ C. $\left[-\dfrac{1}{9},0\right)\cup(0,9]$ D. $\left[\dfrac{1}{9},9\right]$

70. 设函数 $g(x)=1+x$,且当 $x\neq 0$ 时,$f[g(x)]=\dfrac{1-x}{x}$,则 $f\left(\dfrac{1}{2}\right)=$ _____。

71. 设函数 $f(x)$ 的定义域为 $[0,1]$，则 $f(\ln x)$ 的定义域为 _____。

72. 已知 $f(\log_2 x+1)=x^2$，则 $f(x+2)=$ _____。

73. 设 $f(x)$ 是一次函数，且 $f[f(x)]=4x+3$，则 $f(x)=$ _____。

74. 已知 $f(x)=4x+1, g(x)=x^2$，若 $f[g(x)]=g[f(x)]$，求 x 的值。

75. 已知 $f(x)=\dfrac{1-x}{1+x}(x\neq -1)$，$\varphi(x)=1-x$，求 $f[\varphi(x)]$ 和 $\varphi[f(x)]$。

专题六：初等函数

76. 下列函数是指数函数的是（　　）。

　　A. $y=\sqrt{2x+1}$　　　B. $y=2^x$　　　C. $y=x^3$　　　D. $y=\dfrac{1}{2x-3}$

77. 下列函数不是基本初等函数的是（　　）。

　　A. $y=\left(\dfrac{1}{e}\right)^x$　　　B. $y=\ln x^2$　　　C. $y=\dfrac{\sin x}{\cos x}$　　　D. $y=\sqrt[3]{x^5}$

78. 当 $a>1$ 时，在同一直角坐标系下，$y=a^x$ 与 $y=\log_a x$ 的图像是（　　）。

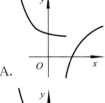
A.

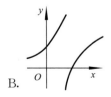
B.

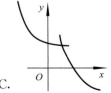
C.

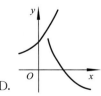
D.

79. 一批设备价值 a 万元，由于使用磨损，每年比上一年价值降低 $b\%$，n 年后这批设备的价值是（　　）万元。

　　A. $na(1-b\%)$　　　B. $a(1-b\%)$　　　C. $a[1-(b\%)^n]$　　　D. $a(1-b\%)^n$

80. 函数 $y=3^x$ 与 $y=-3^{-x}$ 的图像关于（　　）对称。

A. x 轴　　　　B. y 轴　　　　C. 直线 $y=x$　　　　D. 坐标原点

四、章节检测

章节检测试卷（A 卷）

（一）判断题（每题 2 分，共 10 分，对的打 √，错的打 ×）

1. 若 $f(x)$ 在 (a,b) 内有定义，则 $f(x)$ 在 (a,b) 内一定有界。　　（　　）
2. 两个单调减函数之积仍为单调减函数。　　（　　）
3. 实数集上周期函数的周期有无穷多个。　　（　　）
4. 复合函数 $f[g(x)]$ 的定义域即为 $g(x)$ 的定义域。　　（　　）
5. 凡是分段表示的函数都不是初等函数。　　（　　）

（二）单项选择题（每题 2 分，共 80 分）

1. 满足不等式 $|x|+1>|x-3|$ 的 x 的集合是（　　）。

A. $(-1,1)$　　　　B. $(1,+\infty)$　　　　C. $(-\infty,1)$　　　　D. $(2,+\infty)$

2. 不属于数集 $U(-2,2)$ 的点是（　　）。

A. -3　　　　B. -1　　　　C. $-\dfrac{1}{2}$　　　　D. 0

3. 设 $f(x)=4x^2+bx+5$，若 $f(x+1)-f(x)=8x+3$，则 $b=$（　　）。

A. 1　　　　B. -1　　　　C. 2　　　　D. -2

4. 函数 $y=\sqrt{\ln\dfrac{1}{x-1}}+\sqrt{x+2}$ 的定义域是（　　）。

A. $[-2,1)$　　　　B. $(-\infty,1]$　　　　C. $[-2,2]$　　　　D. $(1,2]$

5. 函数 $y=\arccos\dfrac{1-3x}{2}+\dfrac{1}{\sqrt[4]{3-5x}}$ 的定义域是（　　）。

A. $\left[-\dfrac{1}{3},1\right]$　　　　B. $\left(\dfrac{3}{5},1\right]$　　　　C. $\left[-\dfrac{1}{3},\dfrac{3}{5}\right)$　　　　D. $[-1,1]$

6. 函数 $y=1-\cos x$ 的值域是（　　）。

A. $[-1,1]$　　　　B. $[0,1]$　　　　C. $[0,2]$　　　　D. $(-\infty,+\infty)$

7. 函数 $y=\sin x-\sin|x|$ 的值域是（　　）。

A. $\{0\}$　　　　B. $[-1,1]$　　　　C. $[0,1]$　　　　D. $[-2,2]$

8. 设 $f\left(x+\dfrac{1}{x}\right)=x^2+\dfrac{1}{x^2}$，则 $f(x)=$（　　）。

A. x^2　　　　B. x^2-2　　　　C. x^2+2　　　　D. $\dfrac{x^4+1}{x^2}$

9. 设 $f(\sin x)=3-\cos(2x)$，则 $f(\cos x)=$（　　）。

A. $3-\sin(2x)$　　　　B. $3+\sin(2x)$

C. $2-2\cos^2 x$　　　　D. $2+2\cos^2 x$

10. 函数 $f(x)=-x$ 与 $g(x)=\sqrt[4]{x^4}$ 表示同一函数，则它们的定义域是（　　）。

A. $[0,+\infty)$　　　　B. $(-\infty,0]$

C. $(-\infty,+\infty)$　　　　D. $(-1,+\infty)$

11. 与函数 $f(x)=2x$ 的图像完全相同的函数是( )。

A. $\ln e^{2x}$
B. $\sin[\arcsin(2x)]$
C. $e^{\ln(2x)}$
D. $\arcsin[\sin(2x)]$

12. 设函数 $f(x)=\begin{cases}2x-3,x<0\\3x-2,x>0\end{cases}$，则 $f(0)$ ( )。

A. 等于 -3 B. 等于 -2 C. 等于 0 D. 无意义

13. 设函数 $f(x)=\begin{cases}|\sin x|,|x|<1\\0,\quad |x|\geq 1\end{cases}$，则 $f\left(-\dfrac{\pi}{4}\right)=$( )。

A. 0 B. 1 C. $\dfrac{\sqrt{2}}{2}$ D. $-\dfrac{\sqrt{2}}{2}$

14. 使得函数 $y=\ln(3x-1)$ 有界的区间是( )。

A. $(1,+\infty)$ B. $\left(\dfrac{1}{3},1\right)$ C. $\left(\dfrac{1}{3},+\infty\right)$ D. $(1,3)$

15. 下列函数在指定区间上无界的是( )。

A. $f(x)=2^x,x\in(-\infty,0)$
B. $f(x)=\cot x,x\in\left(0,\dfrac{\pi}{2}\right)$
C. $f(x)=\arctan x,x\in(0,+\infty)$
D. $f(x)=3x^2,x\in(0,2)$

16. 函数 $y=\cos\dfrac{1}{x}$ 是( )。

A. 奇函数 B. 单调函数 C. 周期函数 D. 有界函数

17. 函数 $y=\dfrac{x}{1+x^2}$ 在定义域内是( )。

A. 有界函数
B. 有上界,无下界
C. 无上界,有下界
D. 无上界,无下界

18. 在区间 $(-1,0)$ 内,下列函数中单调增加的是( )。

A. $y=-4x+1$ B. $y=5x-3$ C. $y=x^2+1$ D. $y=|x|+2$

19. 函数 $y=\ln(1+x^2)$ 单调减少的区间是( )。

A. $(-5,5)$ B. $(0,+\infty)$ C. $(-\infty,0)$ D. $(-\infty,+\infty)$

20. 设函数 $f(x)=x+a\sin x$，则( )。

A. $f(x)$ 为奇函数
B. $f(x)$ 为偶函数
C. $f(x)$ 为非奇非偶函数
D. $f(x)$ 的奇偶性与参数 a 有关

21. 设函数 $f(x)$ 定义在对称区间 $(-l,l)$ 上,则 $\varphi(x)=\dfrac{f(x)+f(-x)}{3}$ 是( )。

A. 偶函数
B. 奇函数
C. 非奇非偶函数
D. 常数

22. 下列函数图像关于原点对称的是( )。

A. $y=|x|$ B. $y=2x+\cos x$ C. $y=x$ D. $y=\sin\sqrt{x}$

23. 下列函数图像关于 y 轴对称的是( )。

A. $y=\dfrac{\tan x}{x}$
B. $y=\arccos x$
C. $y=\sin x+\cos x$
D. $y=e^{-x}-e^x$

24. 函数 $y=|\sin x|$ 的周期是( )。

A. 2π B. $\dfrac{3\pi}{2}$ C. π D. $\dfrac{\pi}{4}$

25. 函数 $y=\sin \dfrac{x}{2}+\cos (3x)$ 的周期是( )。

A. π B. 4π C. $\dfrac{2\pi}{3}$ D. 6π

26. 函数 $y=\lg(x-1)$ 的反函数是( )。

A. $y=e^x+1$ B. $y=10^x+1$ C. $y=x^{10}+1$ D. $y=x^{-10}+1$

27. 设 $f^{-1}(x)=\dfrac{1-2x}{1+2x}$，则 $f(x)=$( )。

A. $\dfrac{1-x}{2(1+x)}$ B. $\dfrac{1-x}{1+x}$ C. $\dfrac{1-2x}{1+2x}$ D. $\dfrac{1+2x}{1-2x}$

28. 下列各组函数中，互为反函数的是( )。

A. $y=e^x, y=e^{-x}$
B. $y=\log_2 x, y=\log_{\frac{1}{2}} x$
C. $y=\tan x, y=\cot x$
D. $y=2x+1, y=\dfrac{1}{2}(x-1)$

29. 在同一直角坐标系下，函数 $y=3^x$ 与 $x=\log_3 y$ 的图像( )。

A. 关于 x 轴对称
B. 关于 y 轴对称
C. 是同一条曲线
D. 关于直线 $y=x$ 对称

30. 设 $f(x)=x^3-x, g(x)=\sin(2x)$，则 $f\left[g\left(-\dfrac{\pi}{4}\right)\right]=$( )。

A. -2 B. $-\dfrac{\sqrt{2}}{2}$ C. 0 D. $\sqrt{2}$

31. 设 $g(x)=1-2x, f[g(x)]=\dfrac{1-x}{x}$，则 $f\left(\dfrac{1}{2}\right)=$( )。

A. $-\dfrac{1}{2}$ B. 1 C. 2 D. 3

32. 设 $f(x)$ 的定义域是 $[0,1]$，则 $f(2x-1)$ 定义域是( )。

A. $\left[-\dfrac{1}{2}, \dfrac{1}{2}\right]$ B. $\left[\dfrac{1}{2}, 1\right]$ C. $[0,1]$ D. $\left[-\dfrac{1}{2}, 1\right]$

33. 设 $f(x)=|x|, -2<x<2$，则 $f(x-1)$ 的值域是( )。

A. $[0,2)$ B. $[0,3)$ C. $[0,2]$ D. $[0,3]$

34. 设 $f(x)=e^x$，且 $g^{-1}(x)=e^x-1$，则 $f[g(x)]=$( )。

A. x B. $x+1$ C. $\ln(e^x+1)$ D. e^x+1

35. 设 $f(x)=\ln 2$，则 $f(x+1)-f(x)=$( )。

A. $\ln\dfrac{3}{2}$ B. $\ln 2$ C. 0 D. $\ln 3$

36. 设 $f(x)=3^x$，则 $f(x+y)=$( )。

A. $f(x)f(y)$ B. $f(3x)$ C. $f(x)$ D. $f(y)$

37. 下列结论正确的是( )。

A. $y=2^x$ 与 $y=-2^x$ 关于原点对称
B. $y=2^x$ 与 $y=2^{-x}$ 关于 x 轴对称
C. $y=2^x$ 与 $y=-2^x$ 关于 y 轴对称
D. $y=2^x$ 与 $y=2^{-x}$ 关于 y 轴对称

38. 设 $f(x)=\log_5 x$，则 $f(x)+f(y)=($ $)$。

A. $f\left(\dfrac{y}{x}\right)$ B. $f(x-y)$ C. $f(x+y)$ D. $f(xy)$

39. 下列函数中，是基本初等函数的是（   ）。

A. $y=x^{\sqrt{2}}$ B. $y=x^x$ C. $y=x-\cos x$ D. $y=\begin{cases} x-1, x<0 \\ x+1, x\geqslant 0 \end{cases}$

40. 函数 $y=\ln(x+\sqrt{1+x^2})+e^x\sin x$ 是（   ）。

A. 基本初等函数   B. 初等函数   C. 分段函数   D. 复合函数

（三）解答题（5分）

41. 将函数 $f(x)=2|x-2|+|x-1|$ 去掉绝对值符号，用分段函数表示出来，并作出这个函数的图像。

（四）证明题（5分）

42. 设函数 $f(x),g(x)$ 均为单调增加函数，且 $f(x)\leqslant g(x)$，求证：$f[f(x)]\leqslant g[g(x)]$。

章节检测试卷（B 卷）

（一）单项选择题（每题 2 分，共 40 分）

1. 下列说法正确的是（   ）。

A. 火车进站时，火车速度是变量，火车车次是常量

B. 人的体重是常量，年龄是变量

C. 任何变量的取值范围都可以用区间来表示

D. $\{x\mid 2<x<3\}=(3,2)$

2. 不等式 $|a+b|\leqslant|a|+|b|$ 中"="成立的条件是（   ）。

A. $a>0, b<0$ B. $a>0, b>0$ C. $ab\geqslant 0$ D. $ab\leqslant 0$

3. 邻域 $U\left(2,\dfrac{1}{3}\right)$ 表示的含义是（   ）。

A. $\left(\dfrac{5}{3},\dfrac{7}{3}\right)$ B. $\left(\dfrac{2}{3},\dfrac{4}{3}\right)$ C. $\left(2,\dfrac{7}{3}\right)$ D. $\left(\dfrac{1}{3},1\right)$

4. 若 $y=x+2$ 与 $y=\sqrt{(x+2)^2}$ 表示相同的函数,则它们的定义域为( )。

A. $(-\infty,+\infty)$ B. $(-\infty,2]$ C. $[-2,+\infty)$ D. $(-\infty,-2]$

5. 下列各组函数中,表示同一函数的是( )。

A. $f(x)=x-a, g(x)=\sqrt{(x-a)^2}$ B. $f(x)=\sqrt{x}\cdot\sqrt{x-1}, g(x)=\sqrt{x(x-1)}$

C. $f(x)=e^{\frac{1}{3}\ln x}, g(x)=\sqrt[3]{x}$ D. $f(x)=\ln x^2, g(x)=2\ln|x|$

6. 函数 $y=\arcsin\dfrac{x+1}{2}+\sqrt{1-x^2}$ 的定义域为( )。

A. $[-3,-1]$ B. $[-3,1]$ C. $[-1,1]$ D. $(-1,1)$

7. 下列函数中,( )是无界函数。

A. $2\arcsin x$ B. $\dfrac{1}{3}\arctan x$ C. $4\cot x$ D. $\arccos 5x$

8. 函数 $f(x)=\arccos\dfrac{x}{2}$ 的定义域是( )。

A. $[-1,1]$ B. $[-2,2]$ C. $(-1,1)$ D. $\left[-\dfrac{1}{2},\dfrac{1}{2}\right]$

9. 函数 $f(x)=2x\sin x-1$ 是( )。

A. 奇函数 B. 偶函数

C. 非奇非偶 D. 无法判断奇偶性

10. 函数 $y=2\sin\left(\dfrac{x}{3}+\dfrac{\pi}{6}\right)$ 的周期为( )。

A. π B. 2π C. 6π D. $\dfrac{2\pi}{3}$

11. 点 $(1,2)$ 在函数 $y=\sqrt{ax+b}$ 的图像上,又在它的反函数的图像上,则 $a+b=($)。

A. -10 B. -7 C. 4 D. -3

12. 设 $f(x)=\begin{cases}x^2-1, & -1<x\leqslant 0\\ \ln x+2, & 0<x\leqslant 2\end{cases}$,则它的定义域是( )。

A. $[-1,2]$ B. $(-1,2)$ C. $[-1,2)$ D. $(-1,2]$

13. 设函数 $f(x)=\begin{cases}x^2+1, & x<1\\ \dfrac{1}{x}, & x\geqslant 1\end{cases}$,则 $f(f(2))=($)。

A. $\dfrac{1}{2}$ B. $\dfrac{1}{5}$ C. $\dfrac{2}{5}$ D. $\dfrac{5}{4}$

14. 设 $f(\ln x)=3x+4$,则 $f(x)=($)。

A. $3\ln x$ B. $3\ln x+4$ C. $3e^x$ D. $3e^x+4$

15. 已知 $f(x)=\dfrac{1}{x}, g(x)=1-x$,则 $f[g(x)]=($)。

A. $1-\dfrac{1}{x}$ B. $1+\dfrac{1}{x}$ C. $\dfrac{1}{1-x}$ D. x

16. 设 $f(x-1)=x^2+x+1$,则 $f(x)=($)。

A. x^2-x+3 B. x^2+3x+3 C. x^2-3x+3 D. x^2-x-3

17. 下列函数中,属于基本初等函数的是( )。

A. $y=|\sin x|$ B. $y=2x+\cos x$ C. $y=x$ D. $y=\sin\sqrt{x}$

18. 若函数 $y=3+a^{x-1}(a>0,a\neq 1)$ 的反函数图像恒过定点 P，则 P 点的坐标为（　　）。
A. $(3,1)$　　　　　B. $(3+a,2)$　　　　　C. $(4,2)$　　　　　D. $(4,1)$

19. 设函数 $f(x)=\lg x$，则 $f(x)+f(y)=$（　　）。

A. $f\left(\dfrac{y}{x}\right)$　　　　B. $f(x-y)$　　　　C. $f(x+y)$　　　　D. $f(xy)$

20. 设函数 $f(x)(x\in \mathbf{R})$ 为奇函数，$f(1)=5$，$f(x+2)=f(x)+f(2)$，则 $f(7)=$（　　）。
A. 20　　　　　B. 21　　　　　C. 35　　　　　D. 30

(二)填空题(每题2分，共20分)

21. 函数 $f(x)=\begin{cases}2x+1, & -1\leqslant x<0 \\ x+1, & 0\leqslant x\leqslant 1\end{cases}$ 的定义域 $D=$ ＿＿＿＿＿＿，值域 $R=$ ＿＿＿＿＿＿。

22. 函数 $y=4^{(x-1)^2}$ 是由 ＿＿＿＿＿＿＿＿＿＿ 复合而成的。

23. $y=e^{2x-1}$ 的反函数为 ＿＿＿＿＿＿。

24. 函数 $f(x)$ 的定义域 $[0,1]$，$\varphi(x)=\ln x$，则复合函数 $f[\varphi(x)]$ 的定义域是 ＿＿＿＿＿＿。

25. $f(x)=\sqrt{x^2-x-6}+\arcsin(x-3)$ 的定义域为 ＿＿＿＿＿＿。

26. 设 $f(x)=\ln(x+1)$，则 $f[f(x)]$ 的定义域为 ＿＿＿＿＿＿。

27. 设 $f(x)$ 是 $\mathbf{R}$ 上的偶函数，当 $x<0$ 时，有 $f(x)=x+2$，则当 $x>0$ 时，$f(x)=$ ＿＿＿＿＿＿。

28. 设函数 $g(x)=1+x$，且当 $x\neq 0$ 时，$f[g(x)]=\dfrac{1-x}{x}$，则 $f\left(\dfrac{1}{2}\right)=$ ＿＿＿＿＿＿。

29. 函数 $y=\dfrac{1}{2}\cos^2 2x$ 的周期为 ＿＿＿＿＿＿。

30. 函数 $y=\sin x+\dfrac{1}{2}\sin 2x+\dfrac{1}{3}\sin 3x$ 的周期为 ＿＿＿＿＿＿。

(三)解答题(每题10分，共40分)

31. 已知 $f(x)=4x+1$，$g(x)=x^2$，若 $f[g(x)]=g[f(x)]$，求 x 的值。

32. 设函数 $f(x)$ 满足关系式 $2f(x)+f(1-x)=x^2$，求 $f(x)$ 的表达式。

33. 已知 $f(x+y)+f(x-y)=2f(x)f(y)$ 对一切实数都成立,且 $f(0)\neq 0$。证明: $f(x)$ 为偶函数。

34. 已知函数 $f(x)(x\in \mathbf{R})$ 的图形关于直线 $x=a$ 与 $x=b(a<b)$ 均对称。证明: $f(x)$ 是周期函数。

五、答案解析

同步练习参考答案

专题一答案　1—5: CADAA　　6: C

专题二答案　7—10: CDDB　　11—15: DBBDB　　16—20: BADDC
　　　　　　21—25: DCCAB　　26—28: CAD
　　　　　　29. $x^2-3, x\in(-\infty,-2]\cup[2,+\infty)$

专题三答案　30: A　　31—35: BACDB　　36—40: CABAC　　41—45: BCDAB
　　　　　　46—50: AABCB　　51—52: CD

专题四答案　53—55: CBD　　56—58: DBC
　　　　　　59. $x^{\frac{4}{3}}$　　60. 1　　61. $[-1,+\infty)$

专题五答案　62—65: CCCD　　66—69: DDDD
　　　　　　70. -3　　71. $[1,e]$
　　　　　　72. 4^{x+1}　　73. $2x+1$ 或 $-2x-3$　　74. $x=0$ 或 $x=-\dfrac{2}{3}$
　　　　　　75. $f[\varphi(x)]=\dfrac{x}{2-x}(x\neq 2)$, $\varphi[f(x)]=\dfrac{2x}{1+x}(x\neq -1)$

专题六答案　76—80: BBBDD

章节检测试卷(A卷)参考答案

(一)判断题

1. ×　　2. ×　　3. √　　4. ×　　5. ×

（二）单项选择题

1—5：BDBDC   6—10：CDBDB   11—15：ADCDB

16—20：DABCA   21—25：ACACB   26—30：BADCC

31—35：DBABC   36—40：ADDAB

（三）解答题

解：$f(x)=\begin{cases}5-3x, & x\leqslant 1\\ 3-x, & 1<x<2\\ 3x-5, & x\geqslant 2\end{cases}$，其图像如右图所示。

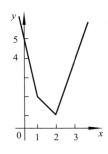

（四）证明题

证明：由于 $f(x)$ 单调增加，且 $f(x)\leqslant g(x)$，因此 $f[f(x)]\leqslant f[g(x)]$。

又 $f(x)\leqslant g(x)$，故 $f[g(x)]\leqslant g[g(x)]$。

综上，$f[f(x)]\leqslant f[g(x)]\leqslant g[g(x)]$，因此 $f[f(x)]\leqslant g[g(x)]$。

章节检测试卷（B 卷）参考答案

（一）单项选择题

1—5：ACACD   6—10：CCBBC   11—15：CDDDC   16—20：BCDDC

（二）填空题

21. $[-1,1]$；$[-1,2]$ 22. $y=4^u, u=t^2, t=x-1$ 23. $y=\dfrac{1}{2}(1+\ln x)$

24. $[1,e]$ 25. $[3,4]$ 26. $(e^{-1}-1,+\infty)$ 27. $2-x$

28. -3 29. $\dfrac{\pi}{2}$ 30. 2π

（三）解答题

31. 解：$f[g(x)]=4g(x)+1=4x^2+1$，$g[f(x)]=[f(x)]^2=(4x+1)^2$，由 $f[g(x)]=g[f(x)]$ 可知，

$$4x^2+1=(4x+1)^2 \Rightarrow 3x^2+2x=0 \Rightarrow x_1=0, x_2=-\dfrac{2}{3}。$$

32. 解：令 $u=1-x$，则 $x=1-u$，故

$$2f(1-u)+f(u)=(1-u)^2$$
$$\Rightarrow 2f(1-x)+f(x)=(1-x)^2。 \quad ①$$

又

$$2f(x)+f(1-x)=x^2。 \quad ②$$

式②×2－式①有

$$3f(x)=2x^2-(1-x)^2$$
$$\Rightarrow f(x)=\dfrac{1}{3}(x^2+2x-1)。$$

33. 证明：令 $x=y=0$，则有 $2f(0)=2f^2(0)$，又 $f(0)\neq 0$，从而 $f(0)=1$；

令 $x=0$，则有 $f(y)+f(-y)=2f(0)f(y)=2f(y)$，从而 $f(-y)=f(y)$，

所以 $f(x)$ 为偶函数。

34. 证明：由函数 $f(x)$ 的图形关于直线 $x=a$ 和直线 $x=b$ 对称可知，

$f(a+x)=f(a-x)\Rightarrow f(2a-t)=f(t)\Rightarrow f(2a-x)=f(x)$，   ①

$f(b+x)=f(b-x)\Rightarrow f(2b-u)=f(u)\Rightarrow f(2b-x)=f(x)$，   ②

由式①和式②可知,$f(2a-x)=f(2b-x)$,令 $m=2a-x$,则有 $x=2a-m$,从而
$$f[2b-(2a-m)]=f(m)$$
$$\Rightarrow f(2b-2a+m)=f(m)$$
$$\Rightarrow f(2b-2a+x)=f(x)$$

因此 $f(x)$ 是以 $T=2b-2a$ 为周期的函数。

第二章　极限与连续

我们欣赏数学,我们需要数学。

——陈省身

陈省身(1911年10月28日—2004年12月3日),祖籍浙江嘉兴,是20世纪最伟大的几何学家之一,被誉为"整体微分几何之父",美国国家科学院院士、第三世界科学院创始成员、英国皇家学会国外会员、意大利国家科学院外籍院士、法国科学院外籍院士、中国科学院首批外籍院士。

陈省身给出了高维高斯-博内公式的内蕴证明,被通称为高斯-博内-陈公式;他提出的陈氏示性类,成为经典杰作;他发展了纤维丛理论,其影响遍及数学的各个领域;他建立了高维复流形上的值分布理论,包括博特-陈定理,影响及于代数数论;他为广义的积分几何奠定基础,获得基本运动学公式;他所引入的陈氏示性类与陈-西蒙斯微分式,已深入到数学以外的其他领域,成为理论物理的重要工具。

一、基本要求

1. 理解数列极限的概念,了解收敛数列的性质。
2. 理解函数极限的概念,理解函数左、右极限的概念及函数极限和左、右极限的关系,了解函数极限的性质。
3. 理解无穷小、无穷大的概念,理解无穷小的性质、无穷小和无穷大的关系,会应用无穷小和无穷大的关系、有界函数和无穷小的乘积求极限。
4. 掌握极限的四则运算法则,会求函数(包括数列)的极限。
5. 了解极限存在的两个准则,掌握应用两个重要极限求极限的方法。
6. 理解高阶、低阶、同阶和等价无穷小的概念,会应用等价无穷小代换求极限。
7. 理解函数连续性的概念,会判断分段函数在分段点处的连续性。
8. 会求函数的间断点,并能判断间断点的类型。
9. 了解连续函数的性质和初等函数的连续性,理解函数在一点连续和极限存在的关系,会应用函数的连续性求极限。
10. 了解闭区间上连续函数的性质(最值定理、有界性定理、介值定理),会应用零点定理证明某些存在性命题。

二、内容概要

(一)数列的极限

1. 数列

(1)数列的概念

按正整数编号,依次排列的一列数

$$x_1, x_2, \cdots, x_n, \cdots$$

称为数列,记作 $\{x_n\}$。数列中的每一个数称为数列的项,第 n 项称为数列的一般项或通项。

数列 $\{x_n\}$ 可看作数轴上的一个动点,也可看作自变量为正整数 n 的函数 $x_n = f(n)$。

(2)数列的性质

有界性:设有数列 $\{x_n\}$,如果存在正数 M,对于每一个自然数 n,恒有 $|x_n| \leqslant M$ 成立,则称数列 $\{x_n\}$ 是有界的。如果这样的 M 不存在,则称数列 $\{x_n\}$ 是无界的。

单调性:设有数列 $\{x_n\}$,如果对于每一个自然数 n,恒有 $x_n \leqslant x_{n+1}$(或 $x_n \geqslant x_{n+1}$),则称数列 $\{x_n\}$ 为单调增加(或单调减少)数列。

2. 数列极限的概念

(1)描述性定义

设有数列 $\{x_n\}$,如果当 n 无限增大时,x_n 无限趋近于某个确定的常数 a,则称 a 是数列 $\{x_n\}$ 的极限,或称数列 $\{x_n\}$ 收敛于 a。

如果数列没有极限,则称数列是发散的。

(2)ε-δ 定义

设 $\{x_n\}$ 是一个数列,如果存在常数 a,对于任意给定的正数 ε(不论它多么小),总存在正整数 N,使得对于 $n > N$ 的一切 x_n,不等式

$$|x_n - a| < \varepsilon$$

都成立,则称常数 a 是数列 $\{x_n\}$ 的极限,或者称数列 $\{x_n\}$ 收敛于 a,记作

$$\lim_{n \to \infty} x_n = a \quad \text{或} \quad x_n \to a (n \to \infty)。$$

如果不存在这样的常数 a,则称数列 $\{x_n\}$ 没有极限,或者称数列 $\{x_n\}$ 是发散的。

3. 收敛数列的性质

性质 1(唯一性) 如果数列 $\{x_n\}$ 收敛,则其极限值是唯一的。

性质 2(有界性) 如果数列 $\{x_n\}$ 收敛,则该数列一定有界。

推论 如果数列 $\{x_n\}$ 无界,则该数列一定发散。

(二)函数的极限

1. $x \to \infty$ 时,函数 $f(x)$ 的极限

(1)描述性定义

设函数 $f(x)$ 在 $|x|$ 充分大时有定义,如果当 $|x|$ 无限增大($x \to \infty$)时,对应的函数值 $f(x)$ 无限接近于确定的数值 A,则称 A 为函数 $f(x)$ 当 $x \to \infty$ 时的极限。

(2)ε-X 定义

设函数 $f(x)$ 在 $|x|$ 充分大(即 $|x|$ 大于某一正数)时有定义,如果存在常数 A,对于任意给定的正数 ε(不论它多小),总存在正数 X,使得对于适合 $|x| > X$ 的一切 x,对应的函数值 $f(x)$ 都满足不等式

$$|f(x) - A| < \varepsilon,$$

则称常数 A 是函数 $f(x)$ 当 $x \to \infty$ 时的极限,记作

$$\lim_{x \to \infty} f(x) = A \text{ 或 } f(x) \to A (x \to \infty)。$$

2. $x \to x_0$ 时,函数 $f(x)$ 的极限

(1)描述性定义

设函数 $f(x)$ 在点 x_0 的某个去心邻域内有定义,如果当 x 无限接近 x_0 时,对应的函数值

$f(x)$ 无限接近于确定的数值 A,则称 A 为函数 $f(x)$ 当 $x \to x_0$ 时的极限。

(2) ε-δ 定义

设函数 $f(x)$ 在点 x_0 的某个去心邻域内有定义,如果存在常数 A,对于任意给定的正数 ε(不论它多小),总存在正数 δ,使得对于适合不等式 $0<|x-x_0|<\delta$ 的一切 x,对应的函数值 $f(x)$ 都满足不等式

$$|f(x)-A|<\varepsilon,$$

则称常数 A 是函数 $f(x)$ 当 $x \to x_0$ 时的极限,记作

$$\lim_{x \to x_0} f(x) = A \text{ 或 } f(x) \to A(x \to x_0)。$$

3. 单侧极限

(1) 左极限:设函数 $f(x)$ 在点 x_0 的某个去心左邻域内有定义,如果存在常数 A,若 $x_0-\delta<x<x_0$(x 从左侧无限趋近于点 x_0)时,对应的函数值 $f(x)$ 都满足不等式

$$|f(x)-A|<\varepsilon,$$

则 A 称为函数 $f(x)$ 当 $x \to x_0$ 时的左极限,记作 $\lim\limits_{x \to x_0^-} f(x) = A$。

(2) 右极限:设函数 $f(x)$ 在点 x_0 的某个去心右邻域内有定义,如果存在常数 A,若 $x_0<x<x_0+\delta$(x 从右侧无限趋近于点 x_0)时,对应的函数值 $f(x)$ 都满足不等式

$$|f(x)-A|<\varepsilon,$$

则 A 称为函数 $f(x)$ 当 $x \to x_0$ 时的右极限,记作 $\lim\limits_{x \to x_0^+} f(x) = A$。

(3) 设函数 $f(x)$ 在点 x_0 的某个去心邻域内有定义,则 $\lim\limits_{x \to x_0} f(x)$ 存在的充分必要条件是左、右极限都存在且相等,即 $\lim\limits_{x \to x_0^-} f(x) = \lim\limits_{x \to x_0^+} f(x)$。

4. 函数极限的性质

性质 1(唯一性) 如果 $\lim\limits_{x \to x_0} f(x)$ 存在,则其极限值是唯一的。

性质 2(局部有界性) 如果 $\lim\limits_{x \to x_0} f(x)$ 存在,则 $f(x)$ 在点 x_0 的某一去心邻域内是有界的。

性质 3(局部保号性) 如果 $\lim\limits_{x \to x_0} f(x) = A$,而且 $A>0$(或 $A<0$),则存在点 x_0 的某一去心邻域,当 x 在该邻域内时,有 $f(x)>0$(或 $f(x)<0$)。

性质 4 如果在 x_0 的某一去心邻域内 $f(x) \geqslant 0$(或 $f(x) \leqslant 0$),而且 $\lim\limits_{x \to x_0} f(x) = A$,则 $A \geqslant 0$(或 $A \leqslant 0$)。

(三) 无穷小与无穷大

1. 无穷小的概念

(1) 描述性定义

如果函数 $f(x)$ 当 $x \to x_0$(或 $x \to \infty$)时的极限为零,则称函数 $f(x)$ 当 $x \to x_0$(或 $x \to \infty$)时为无穷小。

(2) ε-δ 或 ε-X 定义

设函数 $f(x)$ 在 x_0 的某一去心邻域内(或 $|x|$ 充分大时)有定义,如果对于任意给定的 $\varepsilon>0$,总存在 $\delta>0$(或 $X>0$),使得对于适合不等式 $0<|x-x_0|<\delta$(或 $|x|>X$)的一切 x,对应的函数值 $f(x)$ 都满足不等式

$$|f(x)|<\varepsilon,$$

则称函数 $f(x)$ 当 $x \to x_0$(或 $x \to \infty$)时为无穷小,记作
$$\lim_{x \to x_0} f(x) = 0 \text{(或} \lim_{x \to \infty} f(x) = 0\text{)}.$$

2. 无穷小与函数极限的关系

在自变量的同一变化过程 $x \to x_0$(或 $x \to \infty$)中,函数 $f(x)$ 具有极限 A 的充分必要条件是 $f(x) = A + \alpha$,其中 α 是无穷小。该关系用式子表达如下:
$$\lim f(x) = A \Leftrightarrow f(x) = A + \alpha, \lim \alpha = 0.$$

3. 无穷小的性质

(1)有限个无穷小的代数和是无穷小。

(2)有界函数与无穷小的乘积是无穷小。

(3)常数与无穷小的乘积是无穷小。

(4)有限个无穷小的乘积是无穷小。

4. 无穷大的概念

设函数 $f(x)$ 在 x_0 的某一去心邻域内(或 $|x|$ 充分大时)有定义,如果对于任意给定的正数 M(不论多大),总存在 $\delta > 0$(或 $X > 0$),使得对于适合不等式 $0 < |x - x_0| < \delta$(或 $|x| > X$)的一切 x,对应的函数值 $f(x)$ 总满足 $|f(x)| > M$,则称函数 $f(x)$ 当 $x \to x_0$(或 $x \to \infty$)时为无穷大,记作
$$\lim_{x \to x_0} f(x) = \infty \text{(或} \lim_{x \to \infty} f(x) = \infty\text{)}.$$

把上述定义中的不等式 $|f(x)| > M$ 换成 $f(x) > M(f(x) < -M)$,则称函数 $f(x)$ 当 $x \to x_0$(或 $x \to \infty$)时为正无穷大(负无穷大),记作
$$\lim_{x \to x_0} f(x) = +\infty \text{ 或 } \lim_{x \to \infty} f(x) = +\infty$$
$$(\lim_{x \to x_0} f(x) = -\infty \text{ 或 } \lim_{x \to \infty} f(x) = -\infty).$$

5. 无穷小与无穷大的关系

在自变量的同一变化过程中:

(1)如果 $f(x)$ 为无穷大,则 $\dfrac{1}{f(x)}$ 为无穷小。

(2)如果 $f(x)$ 为无穷小,且 $f(x) \neq 0$,则 $\dfrac{1}{f(x)}$ 为无穷大。

(四)极限的运算

1. 极限的四则运算

如果 $\lim f(x)$,$\lim g(x)$ 都存在,则

(1) $\lim [f(x) \pm g(x)] = \lim f(x) \pm \lim g(x)$.

(2) $\lim [f(x) \cdot g(x)] = \lim f(x) \cdot \lim g(x)$.

(3) $\lim \dfrac{f(x)}{g(x)} = \dfrac{\lim f(x)}{\lim g(x)} (\lim g(x) \neq 0)$.

推论 1　如果 $\lim f(x)$ 存在,C 为常数,则 $\lim [Cf(x)] = C \lim f(x)$.

推论 2　如果 $\lim f(x)$ 存在,n 为正整数,则 $\lim [f(x)]^n = [\lim f(x)]^n$.

2. 复合函数的极限

设有两个函数 $y = f(u)$ 与 $u = \varphi(x)$,如果 $\lim\limits_{x \to x_0} \varphi(x) = a$,且 $\lim\limits_{u \to a} f(u) = f(a)$,则复合函数 $y =$

$f[\varphi(x)]$ 当 $x \to x_0$ 时极限存在,且
$$\lim_{x \to x_0} f[\varphi(x)] = f(a) = f[\lim_{x \to x_0} \varphi(x)]。$$

(五)极限存在准则与两个重要极限

1. 准则 I（夹挤定理）

设函数 $f(x), g(x), h(x)$ 在 x_0 的某个去心邻域内满足条件：

(1) $g(x) \leqslant f(x) \leqslant h(x)$；

(2) $\lim_{x \to x_0} g(x) = A, \lim_{x \to x_0} h(x) = A$，

则 $\lim_{x \to x_0} f(x) = A$。

推论 如果数列 $\{x_n\}, \{y_n\}$ 及 $\{z_n\}$ 满足以下条件：

(1) $y_n \leqslant x_n \leqslant z_n$（从某一项以后恒成立）；

(2) $\lim_{n \to \infty} y_n = A, \lim_{n \to \infty} z_n = A$，

则 $\lim_{n \to \infty} x_n = A$。

2. 准则 II（单调有界准则）

如果单调数列有界,则它的极限必存在。

3. 两个重要极限

(1) $\lim\limits_{x \to 0} \dfrac{\sin x}{x} = 1$。

(2) $\lim\limits_{x \to \infty} \left(1 + \dfrac{1}{x}\right)^x = e$ 或 $\lim\limits_{x \to 0} (1+x)^{\frac{1}{x}} = e$。

(六)无穷小的比较

1. 无穷小的阶

设 α, β 是在同一个自变量的变化过程中的无穷小,且 $\alpha \neq 0$。

(1) 如果 $\lim \dfrac{\beta}{\alpha} = 0$，则称 β 是比 α 高阶的无穷小,记作 $\beta = o(\alpha)$。

(2) 如果 $\lim \dfrac{\beta}{\alpha} = \infty$，则称 β 是比 α 低阶的无穷小。

(3) 如果 $\lim \dfrac{\beta}{\alpha} = c (c \neq 0)$，则称 β 与 α 是同阶无穷小。

(4) 如果 $\lim \dfrac{\beta}{\alpha} = 1$，则称 β 与 α 是等价无穷小,记作 $\alpha \sim \beta$。

2. 等价无穷小的性质

设 $\alpha \sim \alpha'$，且 $\lim \alpha' u, \lim \dfrac{u}{\alpha'}$ 存在,则
$$\lim \alpha u = \lim \alpha' u, \lim \dfrac{u}{\alpha} = \lim \dfrac{u}{\alpha'}。$$

3. 常见的等价无穷小

$x \to 0$ 时, $\sin x \sim x$; $\tan x \sim x$; $\arcsin x \sim x$; $\arctan x \sim x$; $1 - \cos x \sim \dfrac{1}{2} x^2$; $\ln(1+x) \sim x$; $e^x - 1 \sim x$; $a^x - 1 \sim x \ln a (a > 0)$; $(1+x)^\alpha - 1 \sim \alpha x$。

(七)函数的连续性与间断点

1. 函数在一点的连续性

(1)函数的增量

设函数 $y=f(x)$ 在点 x_0 的某邻域内有定义,当自变量 x 在该邻域内从点 x_0 变到点 x_1,则称其差 x_1-x_0 为自变量 x 在点 x_0 的增量或改变量,记作 Δx,即 $\Delta x=x_1-x_0$。

如果函数 $y=f(x)$ 相应地从 $f(x_0)$ 变到 $f(x_0+\Delta x)$,则称函数值的差 $f(x_0+\Delta x)-f(x_0)$ 为函数 $y=f(x)$ 的增量或改变量,记作 Δy,即

$$\Delta y=f(x_0+\Delta x)-f(x_0)。$$

(2)函数连续的定义

定义 1 设函数 $y=f(x)$ 在点 x_0 的某邻域内有定义,如果当自变量的增量 $\Delta x=x-x_0$ 趋于零时,对应的函数增量 $\Delta y=f(x_0+\Delta x)-f(x_0)$ 也趋于零,即

$$\lim_{\Delta x \to 0}\Delta y=0,$$

则称函数 $y=f(x)$ 在点 x_0 处连续。

定义 2 设函数 $y=f(x)$ 在点 x_0 的某邻域内有定义,如果当 $x\to x_0$ 时,函数 $f(x)$ 的极限存在,且等于它在点 x_0 处的函数值 $f(x_0)$,即

$$\lim_{x \to x_0}f(x)=f(x_0),$$

则称函数 $y=f(x)$ 在点 x_0 处连续。

定义 3 设函数 $y=f(x)$ 在点 x_0 的某邻域内有定义,如果对于任意给定的 $\varepsilon>0$,总存在 $\delta>0$,使得对于适合不等式 $|x-x_0|<\delta$ 的一切 x,对应的函数值 $f(x)$ 都满足不等式

$$|f(x)-f(x_0)|<\varepsilon,$$

则称函数 $y=f(x)$ 在点 x_0 处连续。

(3)左连续与右连续

如果 $\lim_{x \to x_0^-}f(x)=f(x_0)$,则称函数 $f(x)$ 在点 x_0 处左连续;如果 $\lim_{x \to x_0^+}f(x)=f(x_0)$,则称函数 $f(x)$ 在点 x_0 处右连续。

函数 $f(x)$ 在点 x_0 处连续的充分必要条件是 $f(x)$ 在点 x_0 处左连续且右连续。

2. 区间上的连续函数

如果函数 $f(x)$ 在开区间 (a,b) 内的每一点处都连续,则称 $f(x)$ 为 (a,b) 上的连续函数。如果函数 $f(x)$ 在开区间 (a,b) 上连续,并且在左端点 a 处右连续,在右端点 b 处左连续,则称 $f(x)$ 为闭区间 $[a,b]$ 上的连续函数。

3. 函数的间断点

(1)间断点的定义

如果函数 $f(x)$ 在点 x_0 不连续,则点 x_0 称为函数 $f(x)$ 的间断点或不连续点。

(2)间断点的分类

第一类间断点:设点 x_0 是函数 $f(x)$ 的间断点,如果当 $x\to x_0$ 时,函数 $f(x)$ 的左极限与右极限都存在,则称点 x_0 是函数 $f(x)$ 的第一类间断点。

如果左极限与右极限相等,即 $\lim_{x \to x_0}f(x)$ 存在,则称点 x_0 是函数 $f(x)$ 的可去间断点。

如果左极限与右极限不相等,即 $\lim_{x \to x_0^-}f(x) \neq \lim_{x \to x_0^+}f(x)$,则称点 x_0 是函数 $f(x)$ 的跳跃间

断点。

第二类间断点：除第一类间断点之外的所有间断点，即函数在该点处至少有一侧的极限不存在，称为函数的第二类间断点。

(八) 连续函数的运算与初等函数的连续性

1. 连续函数的和、差、积、商的连续性

如果函数 $f(x), g(x)$ 在点 x_0 处连续，则它们的和、差、积、商(分母不为零)在点 x_0 也连续。

2. 反函数的连续性

如果函数 $y=f(x)$ 在某区间上单调增加(或单调减少)且连续，则它的反函数 $x=\varphi(y)$ 也在对应的区间上单调增加(或单调减少)且连续。

3. 复合函数的连续性

设函数 $u=\varphi(x)$ 在点 $x=x_0$ 处连续，且 $\varphi(x_0)=u_0$，而函数 $y=f(u)$ 在点 $u=u_0$ 处连续，则复合函数 $y=f[\varphi(x)]$ 在点 $x=x_0$ 处也是连续的。

4. 初等函数的连续性

基本初等函数在其定义域内都是连续的。

一切初等函数在其定义区间(即包含在定义域内的区间)内都是连续的。

(九) 闭区间上连续函数的性质

1. 最大值与最小值定理

如果函数 $f(x)$ 在闭区间 $[a,b]$ 上连续，则函数 $f(x)$ 在闭区间 $[a,b]$ 上一定能取得最大值 M 和最小值 m，即存在 x_1, x_2，使得 $f(x_1)=M, f(x_2)=m$。

2. 有界性定理

如果函数 $f(x)$ 在闭区间 $[a,b]$ 上连续，则函数 $f(x)$ 在闭区间 $[a,b]$ 上有界。即存在正数 M，对于任意的 $x \in [a,b]$，有 $|f(x)| \leqslant M$。

3. 零点定理

如果存在点 x_0，使得 $f(x_0)=0$，那么点 x_0 就称为 $f(x)$ 的零点。

设函数 $f(x)$ 在闭区间 $[a,b]$ 上连续，且 $f(a)f(b)<0$（即 $f(a)$ 与 $f(b)$ 异号），则 $f(x)$ 在开区间 (a,b) 内至少有一个零点，即至少存在一点 $\xi(a<\xi<b)$，使得 $f(\xi)=0$。

4. 介值定理

设函数 $f(x)$ 在闭区间 $[a,b]$ 上连续，且在这区间端点取不同的函数值 $f(a)=A$ 与 $f(b)=B$，则对于 A 与 B 之间的任意一个数 μ，在开区间 (a,b) 内至少存在一点 ξ，使得 $f(\xi)=\mu$。

推论 如果函数 $f(x)$ 在闭区间 $[a,b]$ 上连续，则函数 $f(x)$ 必取得介于最小值 m 和最大值 M 之间的一切值。

三、同步练习

专题一：数列的极限

1. 下列数列中，为单调递增数列的是(　　)。

A. $0.9, 0.99, 0.999, 0.9999, \cdots$　　　　B. $\dfrac{3}{2}, \dfrac{2}{3}, \dfrac{5}{4}, \dfrac{4}{5}, \cdots$

C. $\{x_n\}, x_n = \begin{cases} \dfrac{n}{1+n}, n \text{ 为奇数} \\ \dfrac{n}{1-n}, n \text{ 为偶数} \end{cases}$ D. $\left\{\dfrac{2^n+1}{2^n}\right\}$

2. 下列数列中,极限为 0 的数列是(　　)。

A. $x_n = 2n+5$　　B. $x_n = \dfrac{(-1)^n}{n}$　　C. $x_n = 2 + \dfrac{1}{n^3}$　　D. $x_n = (-1)^n n$

3. 下列数列中,发散的是(　　)。

A. $0.9, 0.99, 0.999, 0.9999, \cdots$　　B. $\dfrac{3}{2}, \dfrac{2}{3}, \dfrac{5}{4}, \dfrac{4}{5}, \cdots$

C. $f(n) = \begin{cases} \dfrac{2^n+1}{2^n}, n \text{ 为奇数} \\ \dfrac{2^n-1}{2^n}, n \text{ 为偶数} \end{cases}$ D. $f(n) = \begin{cases} \dfrac{n}{1+n}, n \text{ 为奇数} \\ \dfrac{n}{1-n}, n \text{ 为偶数} \end{cases}$

4. 数列 $0, \dfrac{1}{3}, \dfrac{2}{4}, \dfrac{3}{5}, \dfrac{4}{6}, \cdots$(　　)。

A. 以 0 为极限　　B. 以 1 为极限　　C. 以 $\dfrac{n-2}{n}$ 为极限　　D. 不存在极限

5. 下列命题中,正确的是(　　)。

A. 有界数列必收敛　　B. 两无界数列之和必无界

C. 两发散数列之差必发散　　D. 两收敛数列之和必收敛

6. 设 $x_n = 0.\underbrace{33\cdots3}_{n}$,则 $\lim\limits_{n\to\infty} x_n = ($　　$)$。

A. $\dfrac{1}{3}$　　B. 0.3　　C. 0.34　　D. 不存在

7. 极限 $\lim\limits_{n\to\infty} \dfrac{2^n}{3^n} = ($　　$)$。

A. 0　　B. $\dfrac{1}{4}$　　C. $\dfrac{1}{3}$　　D. $\dfrac{1}{2}$

专题二：函数的极限

8. $\lim\limits_{x\to x_0^+} f(x)$ 和 $\lim\limits_{x\to x_0^-} f(x)$ 都存在是 $\lim\limits_{x\to x_0} f(x)$ 存在的(　　)。

A. 充分但非必要条件　　B. 必要但非充分条件

C. 充分且必要条件　　D. 既非充分也非必要条件

9. 极限 $\lim\limits_{x\to\infty} \dfrac{1}{1+e^x}$ 的结果是(　　)。

A. 0　　B. 1

C. 不存在但也不是 ∞　　D. ∞

10. 当 $x \to 0$ 时,函数 $\sin\dfrac{1}{x}$(　　)。

A. 极限为 0　　B. 极限为无穷大　　C. 是有界变量　　D. 是无界变量

11. 下列各式中,极限存在的是(　　)。

A. $\lim\limits_{x\to 0}\cos x$　　B. $\lim\limits_{x\to\infty}\arctan x$　　C. $\lim\limits_{x\to\infty}\sin x$　　D. $\lim\limits_{x\to+\infty} 2^x$

12. 极限 $\lim\limits_{x\to\infty}e^x$ ( )。

A. 等于 $+\infty$　　　B. 等于 0　　　C. 等于 $-\infty$　　　D. 不存在

13. 若 $\lim\limits_{x\to x_0}f(x)=A$，则 $f(x)$ 在 x_0 点( )。

A. 有定义　　　B. 无定义　　　C. $f(x_0)=A$　　　D. 以上都不对

14. 当 $x\to\infty$ 时，$\arctan x$ 的极限( )。

A. 等于 $\dfrac{\pi}{2}$　　　B. 等于 $-\dfrac{\pi}{2}$　　　C. 等于 ∞　　　D. 不存在

15. 极限 $\lim\limits_{x\to 1}\dfrac{|x-1|}{x-1}$ ( )。

A. 等于 -1　　　B. 等于 1　　　C. 等于 0　　　D. 不存在

16. 若函数 $f(x)$ 在点 x_0 处的极限存在，则( )。

A. $f(x)$ 在 x_0 处的函数值必存在且等于极限值

B. $f(x)$ 在 x_0 处的函数值必存在，但不一定等于极限值

C. $f(x)$ 在 x_0 处的函数值可以不存在

D. 如果 $f(x_0)$ 存在，则等于极限值

17. 设 $f(x)=\begin{cases}e^x, & x\leq 0\\ ax+b, & x>0\end{cases}$，若 $\lim\limits_{x\to 0}f(x)$ 存在，则( )。

A. $a=0,b=0$　　　　　　　　　B. $a=2,b=-1$

C. $a=-1,b=2$　　　　　　　　D. a 为任意常数，$b=1$

18. 若 $\lim\limits_{x\to x_0^-}f(x)=A$，$\lim\limits_{x\to x_0^+}f(x)=A$，则下列说法正确的是( )。

A. $f(x_0)=A$　　　　　　　　　B. $\lim\limits_{x\to x_0}f(x)=A$

C. $f(x)$ 在 x_0 点有定义　　　　D. $f(x)$ 在 x_0 点连续

19. 若 $\lim\limits_{x\to x_0^-}f(x)$ 和 $\lim\limits_{x\to x_0^+}f(x)$ 均存在，则( )。

A. $\lim\limits_{x\to x_0}f(x)$ 存在且 $\lim\limits_{x\to x_0}f(x)=f(x_0)$

B. $\lim\limits_{x\to x_0}f(x)$ 不一定存在

C. $\lim\limits_{x\to x_0}f(x)$ 存在但不一定有 $\lim\limits_{x\to x_0}f(x)=f(x_0)$

D. $\lim\limits_{x\to x_0}f(x)$ 一定不存在

20. 设 $f(x)=\begin{cases}\dfrac{x}{2}+\dfrac{1}{2}, & x<1\\ 3, & x=1\\ 1, & x>1\end{cases}$，则 $\lim\limits_{x\to 1}f(x)$ ( )。

A. 等于 2　　　B. 等于 1　　　C. 等于 -1　　　D. 不存在

21. 设 $f(x)=\begin{cases}\dfrac{2(x-1)}{x-1}, & x<1\\ 2, & x=1\\ x^2-1, & x>1\end{cases}$，则 $\lim\limits_{x\to 1}f(x)$ ( )。

A. 等于 0　　　B. 等于 1　　　C. 等于 2　　　D. 不存在

专题三：无穷小与无穷大

22. 当 $x \to 1$ 时，下列变量中不是无穷小的是（　　）。
 A. x^2-1　　　　B. $\sin(x^2-1)$　　　　C. e^{x-1}　　　　D. $\ln x$

23. 当 $x \to +\infty$ 时，下列是无穷大的是（　　）。
 A. $x\sin x$　　　　B. $\sin\dfrac{1}{x}$　　　　C. $\ln x$　　　　D. $\dfrac{1-2x}{x}$

24. 当 $x \to 0$ 时，$x\sin\dfrac{1}{x}+1$ 是（　　）。
 A. 无穷大　　　　B. 无穷小　　　　C. 有界变量　　　　D. 无界变量

25. 下列命题中，正确的是（　　）。
 A. $x \to 0$ 时，$\dfrac{1}{x}$ 是无穷大　　　　B. $x \to 0$ 时，$\dfrac{1}{x}$ 是无穷小
 C. $x \to \infty$ 时，$\dfrac{1}{x}$ 是无穷大　　　　D. $x \to \dfrac{1}{100^{100}}$ 时，$\dfrac{1}{x}$ 是无穷大

26. 当 $x \to 0$ 时，下列变量是无穷小的是（　　）。
 A. $\dfrac{1}{x}$　　　　B. 2^x　　　　C. $\ln(x+1)$　　　　D. $\dfrac{\sin x}{x}$

27. 当 $x \to 0$ 时，下列变量是无穷小的是（　　）。
 A. $\sin\dfrac{1}{x}$　　　　B. $\dfrac{\sin x}{x}$　　　　C. $2^{-x}-1$　　　　D. $\ln|x|$

28. 极限 $\lim\limits_{x \to 0} x^2\cos\dfrac{1}{x}$（　　）。
 A. 等于 1　　　　B. 等于 ∞　　　　C. 等于 0　　　　D. 不存在

29. 下列变量在给定的变化过程中是无穷大的是（　　）。
 A. $\lg x\ (x \to 0^+)$　　　　B. $\lg x\ (x \to 1)$
 C. $\dfrac{x^2}{x^3+1}\ (x \to +\infty)$　　　　D. $e^{\frac{1}{x}}\ (x \to 0^-)$

30. 无穷小是（　　）。
 A. 比 0 稍大一点的一个数　　　　B. 一个很小很小的数
 C. 以 0 为极限的一个变量　　　　D. 数 0

31. 无穷大与有界变量的关系是（　　）。
 A. 无穷大可能是有界变量　　　　B. 无穷大一定不是有界变量
 C. 有界变量可能是无穷大　　　　D. 不是有界变量就一定是无穷大

32. 设数列的通项为 $x_n = \begin{cases} \dfrac{1}{n}, & n\text{ 为奇数} \\ n, & n\text{ 为偶数} \end{cases}$，则当 $n \to \infty$ 时，x_n 是（　　）。
 A. 无穷小　　　　B. 无穷大　　　　C. 有界量　　　　D. 无界量

33. 当 $x \to 0^+$ 时，下列变量是无穷大的是（　　）。
 A. $2^{-x}-1$　　　　B. $\dfrac{\sin x}{1+\sec x}$　　　　C. e^{-x}　　　　D. $e^{\frac{1}{x}}$

34. 当 $x \to 1$ 时，下列变量中是无穷小的是（　　）。
 A. $\ln(1+x)$　　　　B. $\sin x$　　　　C. e^x　　　　D. x^3-1

专题四：极限的四则运算法则

35. 若 $\lim\limits_{x\to x_0}f(x)=\infty$，$\lim\limits_{x\to x_0}g(x)=\infty$，则必有（　　）。

A. $\lim\limits_{x\to x_0}[f(x)+g(x)]=\infty$ 　　　　　B. $\lim\limits_{x\to x_0}[f(x)-g(x)]=0$

C. $\lim\limits_{x\to x_0}\dfrac{1}{f(x)+g(x)}=0$ 　　　D. $\lim\limits_{x\to x_0}kf(x)=\infty$（$k$ 为非零常数）

36. 极限 $\lim\limits_{x\to-\infty}\dfrac{\sqrt{x^2+x}}{x}=$（　　）。

A. $\dfrac{1}{2}$　　　　B. $-\dfrac{1}{2}$　　　　C. 1　　　　D. -1

37. 极限 $\lim\limits_{x\to 0}\dfrac{\sqrt{x+1}-1}{x}=$（　　）。

A. $\dfrac{1}{2}$　　　　B. $-\dfrac{1}{2}$　　　　C. 2　　　　D. -2

38. 极限 $\lim\limits_{x\to\infty}\dfrac{x^2-1}{3x^2-2x+1}=$（　　）。

A. $\dfrac{1}{3}$　　　　B. 3　　　　C. 0　　　　D. ∞

39. 极限 $\lim\limits_{x\to 2}\dfrac{x^2-5x+6}{x-2}=$（　　）。

A. ∞　　　　B. 0　　　　C. 1　　　　D. -1

40. 极限 $\lim\limits_{x\to\infty}\dfrac{(x^2+1)^2-(x^2-1)^2}{x^k}$ 存在且不为零，则 $k=$（　　）。

A. 4　　　　B. 3　　　　C. 2　　　　D. 1

41. 极限 $\lim\limits_{x\to 0}\dfrac{2-\sqrt{x+4}}{x}=$（　　）。

A. $-\dfrac{1}{4}$　　　B. 0　　　　C. 1　　　　D. ∞

42. 极限 $\lim\limits_{n\to\infty}\left(\dfrac{1+2+3+\cdots+n}{n}-\dfrac{n}{2}\right)=$（　　）。

A. 1　　　　B. $\dfrac{1}{2}$　　　　C. $\dfrac{1}{3}$　　　　D. ∞

43. 极限 $\lim\limits_{n\to\infty}\dfrac{1+2+3+\cdots+n}{2n^2}=$（　　）。

A. $\dfrac{1}{4}$　　　　B. $-\dfrac{1}{4}$　　　　C. $\dfrac{1}{5}$　　　　D. $-\dfrac{1}{5}$

44. 已知 $\lim\limits_{x\to\infty}\dfrac{ax+5}{x-1}=6$，则常数 $a=$（　　）。

A. 1　　　　B. 5　　　　C. 6　　　　D. -1

45. 极限 $\lim\limits_{n\to\infty}\dfrac{1-\dfrac{1}{2}+\dfrac{1}{2^2}+\cdots+(-1)^n\dfrac{1}{2^n}}{1+\dfrac{1}{3}+\dfrac{1}{3^2}+\cdots+\dfrac{1}{3^n}}=$（　　）。

A. $\dfrac{4}{9}$　　　　B. $-\dfrac{4}{9}$　　　　C. $\dfrac{9}{4}$　　　　D. $-\dfrac{9}{4}$

46. 下列命题中,正确的是(　　)。

A. 若 $\{a_n\}$, $\{b_n\}$ 均收敛,则 $\{a_n+b_n\}$ 必收敛

B. 若 $\{a_n+b_n\}$ 收敛,则 $\{a_n\}$, $\{b_n\}$ 均收敛

C. 若 $\{a_n\}$, $\{b_n\}$ 均发散,则 $\{a_n+b_n\}$ 必发散

D. 若 $\{a_n+b_n\}$ 发散,则 $\{a_n\}$, $\{b_n\}$ 均发散

47. 极限 $\lim\limits_{x\to\infty}\dfrac{\sin x}{x}=$ (　　)。

A. -1　　　　　B. 0　　　　　C. 1　　　　　D. ∞

48. 极限 $\lim\limits_{x\to\infty}\dfrac{x+2}{4x-3}=$ (　　)。

A. $\dfrac{1}{4}$　　　　　B. 0　　　　　C. $-\dfrac{2}{3}$　　　　　D. $\dfrac{1}{2}$

49. 极限 $\lim\limits_{x\to 4}\dfrac{\sqrt{2x+1}-3}{\sqrt{x}-2}=$ (　　)。

A. $-\dfrac{4}{3}$　　　　　B. $\dfrac{4}{3}$　　　　　C. $-\dfrac{3}{4}$　　　　　D. $\dfrac{3}{4}$

50. 极限 $\lim\limits_{x\to\infty}(\sqrt{x^2+1}-\sqrt{x^2-1})=$ (　　)。

A. ∞　　　　　B. 2　　　　　C. 1　　　　　D. 0

51. 极限 $\lim\limits_{x\to\infty}\dfrac{x^2+2x+3}{3x^3-1}=$ (　　)。

A. ∞　　　　　B. 0　　　　　C. 1　　　　　D. -1

52. 极限 $\lim\limits_{x\to\infty}\dfrac{3x^2-1}{2x^2-5x+4}=$ (　　)。

A. ∞　　　　　B. $\dfrac{2}{3}$　　　　　C. $\dfrac{3}{2}$　　　　　D. $\dfrac{3}{4}$

53. 极限 $\lim\limits_{x\to 2}\dfrac{x^3-1}{x^2-5x+3}=$ (　　)。

A. $-\dfrac{7}{3}$　　　　　B. $\dfrac{7}{3}$　　　　　C. $\dfrac{1}{3}$　　　　　D. $-\dfrac{1}{3}$

54. 若 $\lim\limits_{x\to 3}\dfrac{x^2-2x+k}{x-3}=4$,则 $k=$ (　　)。

A. -3　　　　　B. 3　　　　　C. $-\dfrac{1}{3}$　　　　　D. $\dfrac{1}{3}$

55. 极限 $\lim\limits_{x\to\infty}\dfrac{(x+2)^{10}}{(2x^3+1)^2(x^2+1)^2}=$ (　　)。

A. 1　　　　　B. $\dfrac{1}{2}$　　　　　C. $\dfrac{1}{4}$　　　　　D. 2

56. 设 $\lim\limits_{x\to\infty}\dfrac{(x+1)^{95}(kx+1)^5}{(x^2+1)^{50}}=8$,则 $k=$ (　　)。

A. 1　　　　　B. 2　　　　　C. 0　　　　　D. $\sqrt[5]{8}$

57. 极限 $\lim\limits_{x\to+\infty}x(\sqrt{x^2+1}-x)=$ (　　)。

A. 1　　　　　B. $\dfrac{1}{2}$　　　　　C. 0　　　　　D. 2

58. 设 $\{a_n\}, \{b_n\}, \{c_n\}$ 均为非负数列，且 $\lim\limits_{n\to\infty} a_n = 0$，$\lim\limits_{n\to\infty} b_n = 1$，$\lim\limits_{n\to\infty} c_n = +\infty$，则（　　）。

A. $a_n < b_n$ 对任意 n 成立　　　　　B. $b_n < c_n$ 对任意 n 成立

C. $\lim\limits_{n\to\infty} a_n c_n$ 不存在　　　　　D. $\lim\limits_{n\to\infty} b_n c_n$ 不存在

专题五：极限存在准则与两个重要极限

59. 下列式子中，错误的是（　　）。

A. $\lim\limits_{n\to\infty}\left(1+\dfrac{1}{n}\right)^{-n} = e^{-1}$　　　　B. $\lim\limits_{n\to\infty}\left(1+\dfrac{1}{n}\right)^{n+1} = e$

C. $\lim\limits_{n\to\infty}\left(1+\dfrac{1}{n}\right)^{2n+1} = e^2$　　　　D. $\lim\limits_{n\to\infty}\left(1-\dfrac{1}{n^2}\right)^n = e$

60. 极限 $\lim\limits_{x\to\infty} x\tan\dfrac{1}{x} = (\quad)$。

A. -1　　　　B. 0　　　　C. 1　　　　D. 2

61. 极限 $\lim\limits_{x\to 0} \dfrac{\arcsin(-x)}{x} = (\quad)$。

A. -1　　　　B. 0　　　　C. 1　　　　D. 2

62. 下列极限中，正确的是（　　）。

A. $\lim\limits_{x\to 0}\left(1+\dfrac{1}{x}\right)^x = e$　　　　B. $\lim\limits_{x\to 0}(1+x)^x = e$

C. $\lim\limits_{x\to\infty}(1+x)^{\frac{1}{x}} = e$　　　　D. $\lim\limits_{x\to\infty}\left(1+\dfrac{1}{x}\right)^x = e$

63. 设 $\lim\limits_{x\to\infty}\left(1+\dfrac{k}{x}\right)^x = e^6$，则 $k = (\quad)$。

A. 1　　　　B. 2　　　　C. 6　　　　D. $\dfrac{1}{6}$

64. 极限 $\lim\limits_{x\to 0}\dfrac{\arctan 3x}{x} = (\quad)$。

A. 0　　　　B. 3　　　　C. 7　　　　D. 5

65. 极限 $\lim\limits_{x\to 1}\dfrac{\sin(x-1)}{1-x^2} = (\quad)$。

A. 1　　　　B. 0　　　　C. $-\dfrac{1}{2}$　　　　D. $\dfrac{1}{2}$

66. 下列等式中，成立的是（　　）。

A. $\lim\limits_{n\to\infty}\left(1+\dfrac{2}{n}\right)^n = e$　　　　B. $\lim\limits_{n\to\infty}\left(1+\dfrac{1}{n}\right)^{n-2} = e$

C. $\lim\limits_{n\to\infty}\left(1+\dfrac{1}{2n}\right)^n = e^2$　　　　D. $\lim\limits_{n\to\infty}\left(1+\dfrac{1}{n}\right)^{2n} = e$

67. 极限 $\lim\limits_{x\to\infty}\left(\dfrac{x}{1+x}\right)^x = (\quad)$。

A. e　　　　B. e^2　　　　C. 1　　　　D. $\dfrac{1}{e}$

68. 极限 $\lim\limits_{x\to 0}\dfrac{1-\cos 2x}{\sin^2 3x} = (\quad)$。

A. 1　　　　B. $\dfrac{1}{3}$　　　　C. $\dfrac{2}{9}$　　　　D. $\dfrac{1}{9}$

69. 极限 $\lim\limits_{x\to 1}\dfrac{\sin^2(1-x)}{(x+1)^2(x+2)} = ($)。

A. $\dfrac{1}{3}$ B. $-\dfrac{1}{3}$ C. 0   D. $\dfrac{2}{3}$

70. 极限 $\lim\limits_{x\to\infty}\left(1-\dfrac{1}{x}\right)^{2x} = ($)。

A. e^2 B. e^{-2} C. e D. e^{-1}

71. 极限 $\lim\limits_{x\to\infty}\left(1-\dfrac{1}{3x}\right)^x = ($)。

A. e^3 B. e^{-2} C. e D. $e^{-\frac{1}{3}}$

72. 极限 $\lim\limits_{x\to\infty}\left(\dfrac{x+2}{x-2}\right)^x = ($)。

A. e^{-4} B. e^{-2} C. 1   D. e^4

73. 极限 $\lim\limits_{x\to 0}(1+3x)^{\frac{1}{x}} = ($)。

A. e^3 B. e^{-3} C. $e^{\frac{1}{3}}$ D. $e^{-\frac{1}{3}}$

74. 极限 $\lim\limits_{x\to\infty}\left(1+\dfrac{5}{x}\right)^x = ($)。

A. e^{-5} B. e^5 C. $e^{\frac{1}{5}}$ D. $e^{-\frac{1}{5}}$

75. 极限 $\lim\limits_{x\to 0}\dfrac{\sin 5x - \sin 3x}{x} = ($)。

A. 0   B. $\dfrac{1}{2}$ C. 1   D. 2

76. 极限 $\lim\limits_{x\to\infty}\left(\dfrac{2x-1}{2x+1}\right)^{2x-1} = ($)。

A. 1   B. e C. $e^{-\frac{1}{2}}$ D. e^{-2}

77. 下列极限值等于 1 的是( )。

A. $\lim\limits_{x\to\infty}\dfrac{\sin x}{x}$ B. $\lim\limits_{x\to 0}\dfrac{\sin 2x}{x}$ C. $\lim\limits_{x\to 2\pi}\dfrac{\sin x}{x}$ D. $\lim\limits_{x\to\pi}\dfrac{\sin x}{\pi - x}$

78. 极限 $\lim\limits_{x\to 0}\dfrac{\ln(1+2x)}{\tan 5x} = ($)。

A. 1   B. 0.2   C. 0.4   D. 0

79. 极限 $\lim\limits_{n\to\infty} n\cdot\ln\left(1+\dfrac{1}{n}\right) = ($)。

A. 1   B. e C. 0   D. $+\infty$

80. 极限 $\lim\limits_{x\to 0}\dfrac{x}{3^x - 1} = ($)。

A. 0   B. $\dfrac{1}{\ln 3}$ C. $\ln 3$ D. 1

81. 极限 $\lim\limits_{x\to 0}\dfrac{x^2 \sin\dfrac{1}{x}}{x + \sin x}($)。

A. 不存在   B. 等于 $\dfrac{1}{2}$ C. 等于 1   D. 等于 0

82. 极限 $\lim\limits_{x\to 0}\dfrac{x^2}{\ln(1+x)\sin 2x}=($)。

A. $\dfrac{1}{4}$ B. $\dfrac{1}{2}$ C. 0 D. 1

83. 已知 $\lim\limits_{x\to\infty}\left(\dfrac{x+a}{x-a}\right)^x=9$，则 $a=($)。

A. 1 B. 3 C. $\ln 3$ D. $2\ln 3$

专题六：无穷小的比较

84. 当 $x\to 0$ 时，下列函数与 x^2 是等价无穷小的是( )。

A. $\sin 2x$ B. $\arctan^2 x$ C. $1-\cos x$ D. $\ln(2+x^2)$

85. 当 $x\to 0$，无穷小 $x^2-\sin x$ 是 x 的( )。

A. 高阶无穷小 B. 低阶无穷小 C. 同阶无穷小 D. 等价无穷小

86. 当 $x\to 0$ 时，$\sqrt{1+\tan x}-\sqrt{1+\sin x}$ 与 x^n 是同阶无穷小，则 $n=($)。

A. 1 B. 2 C. 3 D. 4

87. 当 $x\to 1$ 时，与 $x-1$ 是等价无穷小的是( )。

A. x^2-1 B. x^3-1 C. $(x-1)^2$ D. $\sin(x-1)$

88. 当 $x\to 0$ 时，$\ln(1+2x^2)$ 是 x^2 的( )。

A. 高阶无穷小 B. 低阶无穷小 C. 等价无穷小 D. 同阶无穷小

89. 当 $x\to 0$ 时，若 kx^2 与 $\sin\dfrac{x^2}{3}$ 是等价无穷小，则 $k=($)。

A. $\dfrac{1}{2}$ B. $-\dfrac{1}{2}$ C. $\dfrac{1}{3}$ D. $-\dfrac{1}{3}$

90. 两个无穷小 α 与 β 之积 $\alpha\beta$ 仍是无穷小，且与 α 或 β 相比( )。

A. 是高阶无穷小 B. 是同阶无穷小
C. 可能是高阶无穷小，也可能是同阶无穷小 D. 是等价无穷小

91. 当 $x\to\infty$ 时，函数 $f(x)$ 与 $\dfrac{1}{x^2}$ 是等价无穷小，则 $\lim\limits_{x\to\infty}3x^2 f(x)=($)。

A. 0 B. 1 C. 3 D. ∞

92. 当 $x\to 0$ 时，与变量 x^2 是等价无穷小的是( )。

A. $(1+x)^2-1$ B. $1-2\cos x$ C. x^2+x D. x^2+2x^3

93. 当 $x\to 0$ 时，$e^{x^2}-1$ 是 x 的( )。

A. 高阶无穷小 B. 低阶无穷小
C. 同阶无穷小 D. 等价无穷小

94. 当 $x\to 0$ 时，kx 是 $\sin x$ 的等价无穷小，则 $k=($)。

A. 0 B. 1 C. 2 D. 3

95. 极限 $\lim\limits_{x\to 0}\dfrac{\ln(1+2x)}{x}=($)。

A. -1 B. 0 C. 1 D. 2

96. 当 $x\to 2$ 时，$x-2$ 是 $\sqrt{x+7}-3$ 的( )。

A. 高阶无穷小 B. 低阶无穷小 C. 等价无穷小 D. 同阶无穷小

97. 当 $x \to 0$ 时,$1-\cos x$ 是 $x\sin x$ 的( )。

A. 低阶无穷小　　B. 同阶无穷小　　C. 等价无穷小　　D. 高阶无穷小

98. 极限 $\lim\limits_{x \to 0} \dfrac{x^2 \sin \frac{1}{x}}{\sin x}$ ( )。

A. 等于 1　　B. 等于 ∞　　C. 不存在　　D. 等于 0

99. 极限 $\lim\limits_{n \to \infty} n[\ln(n-1) - \ln n]$ ( )。

A. 等于 1　　　　　　　　　　B. 等于 -1
C. 等于 ∞　　　　　　　　D. 不存在,但不是 ∞

专题七:函数的连续性与间断点

100. 函数 $f(x) = \dfrac{x^2}{\sqrt[3]{x-3}}$ 的间断点是( )。

A. 3　　B. -3　　C. 0　　D. 2

101. 函数 $f(x) = \dfrac{x-2}{x^2-4}$ 在 $x=2$ 处( )。

A. 有定义　　B. 有极限　　C. 没有极限　　D. 连续

102. $\lim\limits_{x \to x_0} f(x)$ 存在是函数 $f(x)$ 点 x_0 处连续的( )。

A. 充分条件　　　　　　　　B. 必要条件
C. 充要条件　　　　　　　　D. 既非充分也非必要条件

103. 函数 $f(x) = |x-1|$ 是( )。

A. 偶函数　　B. 有界函数　　C. 单调函数　　D. 连续函数

104. 下列说法中,正确的是( )。

A. $f(x)$ 在点 x_0 处没有定义,则 $f(x)$ 在点 x_0 处一定没有极限
B. $f(x)$ 在点 x_0 处没有极限,则 $f(x)$ 在点 x_0 处一定不连续
C. $f(x)$ 在点 x_0 处有极限,则 $f(x)$ 在点 x_0 处一定连续
D. $f(x)$ 在点 x_0 处有极限,则极限值必等于 $f(x_0)$

105. 设 $f(x) = \begin{cases} x^2+1, & x<0 \\ 2x+1, & x \geqslant 0 \end{cases}$,则下列结论正确的是( )。

A. $f(x)$ 在 $x=0$ 处连续　　　　　　B. $f(x)$ 在 $x=0$ 处不连续,但有极限
C. $f(x)$ 在 $x=0$ 处无极限　　　　　D. $f(x)$ 在 $x=0$ 处连续,但无极限

106. 若函数 $f(x) = \begin{cases} \dfrac{\sqrt{\sin x + 4} - 2}{\ln(1+x)}, & x \neq 0 \\ a, & x = 0 \end{cases}$ 在 $x=0$ 处连续,则 $a = ($)。

A. 0　　B. $\dfrac{1}{4}$　　C. 1　　D. 2

107. 若函数 $f(x) = \begin{cases} \dfrac{\sqrt{x+1} - \sqrt{1-x}}{x}, & x \neq 0 \\ k, & x = 0 \end{cases}$ 在 $x=0$ 处连续,则 $k = ($)。

A. 0　　B. 2　　C. $\dfrac{1}{2}$　　D. 1

108. 设函数 $f(x)=\sin x\cos \dfrac{1}{x^2}$ 在点 $x=0$ 处连续,则( )。

A. $f(0)=1$　　　B. $f(0)=0$　　　C. $f(0)=-1$　　　D. $f(0)=\dfrac{1}{2}$

109. 若函数 $f(x)=\begin{cases}\dfrac{\sin x+\mathrm{e}^{2ax}-1}{x},&x\neq 0\\ a,&x=0\end{cases}$ 在 $x=0$ 处连续,则 $a=(\ )$。

A. 1　　　B. 0　　　C. e　　　D. -1

110. 下列函数中,以 $x=0$ 为跳跃间断点的是( )。

A. $x\arctan\dfrac{1}{x}$　　　B. $\arctan\dfrac{1}{x}$　　　C. $\tan\dfrac{1}{x}$　　　D. $\cos\dfrac{1}{x}$

111. 点 $x=1$ 是函数 $f(x)=\dfrac{x^2-1}{x-1}$ 的( )。

A. 连续点　　　B. 可去间断点　　　C. 跳跃间断点　　　D. 无穷间断点

112. 设 $f(x)=\begin{cases}x-2,&x\leqslant 0\\ x+2,&x>0\end{cases}$,则 $x=0$ 是 $f(x)$ 的( )。

A. 连续点　　　B. 可去间断点　　　C. 无穷间断点　　　D. 跳跃间断点

113. 设 $f(x)=\begin{cases}\dfrac{\sqrt{x+1}-1}{x},&x\neq 0\\ 0,&x=0\end{cases}$,则 $x=0$ 是 $f(x)$ 的( )。

A. 可去间断点　　　B. 无穷间断点　　　C. 连续点　　　D. 跳跃间断点

114. 点 $x=-1$ 是函数 $f(x)=\dfrac{x^2-x}{|x|(x^2-1)}$ 的( )。

A. 跳跃间断点　　　B. 可去间断点　　　C. 无穷间断点　　　D. 连续点

115. 函数 $f(x)=\dfrac{\sin x}{x^5-x}$ 的第二类间断点的个数是( )。

A. 1　　　B. 2　　　C. 3　　　D. 4

116. 设 $f(x)=\begin{cases}1,&x<0\\ 0,&x=0\\ -1,&x>0\end{cases}$,则 $x=0$ 为 $f(x)$ 的( )。

A. 连续点　　　　　　　　　　B. 无穷间断点

C. 可去间断点　　　　　　　　D. 跳跃间断点

117. 设 $f(x)=\arctan\dfrac{1}{x}$,则 $x=0$ 为 $f(x)$ 的( )。

A. 可去间断点　　　B. 跳跃间断点　　　C. 无穷间断点　　　D. 振荡间断点

118. 设 $f(x)=\begin{cases}1+\mathrm{e}^x,&x\leqslant 0\\ \dfrac{1}{x}\sin x+x\sin\dfrac{1}{x},&x>0\end{cases}$,则 $x=0$ 是 $f(x)$ 的( )。

A. 连续点　　　B. 可去间断点　　　C. 振荡间断点　　　D. 跳跃间断点

119. 设 $f(x)=\dfrac{1-2\mathrm{e}^{\frac{1}{x}}}{1+\mathrm{e}^{\frac{1}{x}}}$,则 $x=0$ 为 $f(x)$ 的( )。

A. 可去间断点　　　B. 跳跃间断点　　　C. 无穷间断点　　　D. 振荡间断点

120. 若 $x=1$ 为 $f(x)=\dfrac{e^x-a}{x(x-1)}$ 的可去间断点，则 $a=(\quad)$。

A. 1　　　　　　B. 0　　　　　　C. e　　　　　　D. e^{-1}

121. 若 $f(x)=\begin{cases}\dfrac{\sin ax}{x}+2, & x<0 \\ 1, & x=0 \\ \dfrac{\ln(1+x)}{x}+b, & x>0\end{cases}$ 在 $x=0$ 处连续，则 a,b 分别为（　　）。

A. 0,1　　　　　　　　　　　　B. 1,0
C. 0,−1　　　　　　　　　　　 D. −1,0

专题八：连续函数的运算与初等函数的连续性

122. 函数 $f(x)=\sqrt{25-x^2}+\dfrac{x-10}{\ln x}$ 的连续区间是（　　）。

A. $(0,5]$　　　　　　　　　　B. $(0,1)$
C. $(1,5]$　　　　　　　　　　D. $(0,1)\cup(1,5]$

123. 函数 $f(x)=\begin{cases}\dfrac{2}{x}, & x\geqslant 1 \\ a\cos\pi x, & x<1\end{cases}$ 在定义域内处处连续，则 $a=(\quad)$。

A. 2　　　　　　B. −2　　　　　　C. 1　　　　　　D. −1

124. 函数 $f(x)=\begin{cases}\dfrac{1}{x}\sin\dfrac{x}{3}, & x\neq 0 \\ a, & x=0\end{cases}$ 在 $(-\infty,+\infty)$ 上连续，则 $a=(\quad)$。

A. 3　　　　　　B. $\dfrac{1}{3}$　　　　　　C. 0　　　　　　D. 1

125. 函数 $f(x)=\begin{cases}\dfrac{\sin\pi(x-1)}{x-1}, & x<1 \\ \arcsin x+k, & x\geqslant 1\end{cases}$ 在定义域内处处连续，则 $k=(\quad)$。

A. $-\dfrac{2}{\pi}$　　　　　B. $\dfrac{2}{\pi}$　　　　　C. $-\dfrac{\pi}{2}$　　　　　D. $\dfrac{\pi}{2}$

126. 函数 $f(x)=\begin{cases}\sin\dfrac{\pi x}{2}+1, & x\leqslant 1 \\ 3e^{x-1}+k, & x>1\end{cases}$ 在定义域内处处连续，则 $k=(\quad)$。

A. −1　　　　　　B. 1　　　　　　C. −2　　　　　　D. 2

专题九：闭区间上连续函数的性质

127. 在闭区间 $[a,b]$ 上连续是函数 $f(x)$ 有界的（　　）。
A. 充分条件　　　　　　　　　B. 必要条件
C. 充要条件　　　　　　　　　D. 无关条件

128. 函数 $f(x)=\tan x$ 能取得最小值、最大值的区间是（　　）。
A. $[0,\pi]$　　　　　　　　　B. $(0,\pi)$
C. $\left[-\dfrac{\pi}{4},\dfrac{\pi}{4}\right]$　　　　　　　　D. $\left(-\dfrac{\pi}{4},\dfrac{\pi}{4}\right)$

129. 证明:方程 $2^x = x^2$ 在 $(-1, 1)$ 内必有实根。

130. 证明:方程 $x - \cos x = 0$ 至少有一个正根。

四、章节检测

章节检测试卷(A 卷)

(一)判断题(每题 2 分,共 10 分,对的打√,错的打×)

1. 在数列 $\{x_n\}$ 中任意增加或去掉有限项,不影响 $\{x_n\}$ 的极限。（　　）
2. 如果数列 $\{x_n\}$ 发散,则 $\{x_n\}$ 必是无界数列。（　　）
3. 如果数列 $\{x_n\}$ 和 $\{y_n\}$ 都发散,则数列 $\{x_n + y_n\}$ 也发散。（　　）
4. 已知 $f(x_0)$ 不存在,但 $\lim\limits_{x \to x_0} f(x)$ 有可能存在。（　　）
5. 如果 $\lim\limits_{x \to x_0} \dfrac{f(x)}{g(x)}$ 存在,且 $\lim\limits_{x \to x_0} g(x) = 0$,则可断言 $\lim\limits_{x \to x_0} f(x) = 0$。（　　）

(二)单项选择题(每题 2 分,共 60 分)

1. 有下列四个数列:

①$x_n = 2$;②$x_n = \dfrac{2}{3n+1}$;③$x_n = (-1)^n \dfrac{2}{3n+1}$;④$x_n = (-1)^{n-1} \dfrac{3n-1}{3n+1}$

其中收敛的数列是(　　)。
A. ①　　　　　B. ①②　　　　　C. ①④　　　　　D. ①②③

2. 有下列四个数列:

①$1, -1, 1, -1, \cdots, (-1)^{n+1}, \cdots$;②$0, \dfrac{1}{2}, 0, \dfrac{1}{2^2}, 0, \dfrac{1}{2^3}, \cdots, 0, \dfrac{1}{2^n}, \cdots$;

③$\dfrac{1}{2}, \dfrac{3}{2}, \dfrac{1}{3}, \dfrac{4}{3}, \cdots, \dfrac{1}{n+1}, \dfrac{n+2}{n+1}, \cdots$;④$1, 2, \cdots, n, \cdots$

其中发散的数列是(　　)。
A. ①　　　　　B. ①④　　　　　C. ①③④　　　　　D. ②④

3. 如果数列 $\{x_n\}$ 有极限 a,则在 a 的 ε 邻域之外,数列中的点(　　)。
A. 必不存在　　　　　　　　　　B. 至多只有有限个
C. 必定有无限个　　　　　　　　D. 可以有有限个,也可以有无限个

4. 数列 $\{x_n\}$ 有界是该数列收敛的（　　）。
   A. 充分条件　　　　B. 必要条件　　　　C. 充要条件　　　　D. 无关条件

5. 如果数列 $\{x_n\}$ 收敛，$\{y_n\}$ 发散，则数列 $\{x_n - y_n\}$ 一定（　　）。
   A. 收敛　　　　　　B. 发散　　　　　　C. 有界　　　　　　D. 无界

6. 如果 $\lim\limits_{x \to 2^-} f(x) = A$，则对于给定的任意小的正数 ε，总存在一个正数 δ，使得满足何条件时，恒有 $|f(x) - A| < \varepsilon$（　　）。
   A. $0 < |x - 2| < \delta$　　　　　　　　　　B. $|x - 2| < \delta$
   C. $0 < x - 2 < \delta$　　　　　　　　　　D. $0 < 2 - x < \delta$

7. 已知 $\lim\limits_{x \to 1^+}(-2x) = -2$，对于给定的 $\varepsilon = \dfrac{1}{500}$，则 δ 必须满足（　　）。
   A. $\delta \geqslant \dfrac{1}{1\ 000}$　　B. $\delta = \dfrac{1}{1\ 000}$　　C. $\delta < \dfrac{1}{1\ 000}$　　D. $\delta \leqslant \dfrac{1}{1\ 000}$

8. 设 $f(x) = \begin{cases} x^2, & x \neq 1 \\ 2, & x = 1 \end{cases}$，则 $\lim\limits_{x \to 1} f(x)$（　　）。
   A. 等于 3　　　　　B. 等于 2　　　　　C. 等于 1　　　　　D. 不存在

9. 极限 $\lim\limits_{x \to 1} \dfrac{|x|}{x}$（　　）。
   A. 等于 0　　　　　B. 等于 -1　　　　C. 等于 1　　　　　D. 不存在

10. 极限 $\lim\limits_{x \to 0} \dfrac{3x + |x|}{5x - 3|x|} = ($　　$)$。
    A. 2　　　　　　　B. $\dfrac{1}{4}$　　　　　C. 1　　　　　　　D. $\dfrac{1}{2}$

11. $\lim\limits_{x \to x_0^+} f(x)$，$\lim\limits_{x \to x_0^-} f(x)$ 都存在是 $\lim\limits_{x \to x_0} f(x)$ 存在的（　　）。
    A. 充分条件　　　　B. 必要条件　　　　C. 充要条件　　　　D. 无关条件

12. 如果 $\lim\limits_{x \to \infty}\left(\dfrac{x^2 + 2}{x} + ax\right) = 0$，则 $a = ($　　$)$。
    A. -1　　　　　　B. 0　　　　　　　　C. 1　　　　　　　　D. 2

13. 极限 $\lim\limits_{n \to \infty}\left(2 + \dfrac{2^2}{3} + \dfrac{2^3}{3^2} + \cdots + \dfrac{2^{n+1}}{3^n}\right) = ($　　$)$。
    A. 6　　　　　　　B. 3　　　　　　　　C. 2　　　　　　　　D. $+\infty$

14. 当 $x \to 1$ 时，$f(x) = \dfrac{1}{x^3 - 1}$ 是（　　）。
    A. 有界函数　　　　B. 无穷大　　　　　C. 未定式　　　　　D. 无穷小

15. 设 $\lim\limits_{n \to \infty} u_n = a$，则当 $n \to \infty$ 时，u_n 与 a 的差是（　　）。
    A. 常数　　　　　　　　　　　　　　　　B. 预先给定的正数
    C. 无穷小　　　　　　　　　　　　　　　D. 任意小的正数

16. 当 $x \to 0$ 时，下列函数与 x 相比为高阶无穷小的是（　　）。
    A. $\tan x$　　　　　B. $x - x^2$　　　　C. $\arcsin x$　　　D. $1 - \cos x$

17. 当 $x \to 0$ 时，$f(x) = o(x^2)$，则 $\lim\limits_{x \to 0}\dfrac{x^2}{f(x)} = ($　　$)$。
    A. 0　　　　　　　B. $\dfrac{1}{2}$　　　　　C. 1　　　　　　　　D. ∞

18. 当 $x \to +\infty$ 时，下列函数中为无穷大的是（　　）。
A. $\dfrac{1}{x}$　　　　　B. $\ln(1+x)$　　　　　C. $\sin x$　　　　　D. e^{-x}

19. 任意给定 $M>0$，总存在 $X>0$，当 $x>X$ 时，有 $f(x)<-M$，则（　　）。
A. $\lim\limits_{x \to -\infty} f(x) = -\infty$　　　　　B. $\lim\limits_{x \to -\infty} f(x) = +\infty$
C. $\lim\limits_{x \to +\infty} f(x) = +\infty$　　　　　D. $\lim\limits_{x \to +\infty} f(x) = -\infty$

20. 当 $x \to \infty$ 时，函数 $f(x) = x\cos x$（　　）。
A. 极限存在　　　　　　　　　　　　B. 是无穷小
C. 有界但无极限　　　　　　　　　　D. 无界但不是无穷大

21. 设 $0 < a < \dfrac{\pi}{2}$，则 $\lim\limits_{x \to a} \dfrac{\sin x}{x}$（　　）。
A. 等于 0　　　B. 等于 $\dfrac{\sin a}{a}$　　　C. 等于 1　　　D. 不存在

22. 函数 $y = \dfrac{1}{\ln(x-2)}$ 的连续区间是（　　）。
A. $[2, +\infty)$　　　　　　　　　　B. $(2, +\infty)$
C. $[2,3) \cup (3, +\infty)$　　　　　D. $(2,3) \cup (3, +\infty)$

23. 设 $f(x) = e^2 + x$，则当 $\Delta x \to 0$ 时，$f(x+\Delta x) - f(x) \to$（　　）。
A. Δx　　　　B. $e^2 + \Delta x$　　　　C. e^2　　　　D. 0

24. 函数 $y = f(x)$ 在点 $x = x_0$ 处左、右连续是它在该点连续的（　　）。
A. 必要条件　　　B. 充分条件　　　C. 充要条件　　　D. 无关条件

25. 如果函数 $f(x)$ 在点 x_0 处连续，并且在点 x_0 的某个去心邻域内 $f(x) > 0$，则（　　）。
A. $f(x_0) \geqslant 0$　　B. $f(x_0) > 0$　　C. $f(x_0) = 0$　　D. $f(x_0) < 0$

26. 点 $x = 1$ 是函数 $f(x) = \begin{cases} 3x-1, & x<1 \\ 1, & x=1 \\ 3-x, & x>1 \end{cases}$ 的（　　）。
A. 连续点　　　B. 可去间断点　　　C. 跳跃间断点　　　D. 第二类间断点

27. 点 $x = 1$ 是函数 $f(x) = \begin{cases} 1-x, & x \leqslant 1 \\ 2x, & x > 1 \end{cases}$ 的（　　）。
A. 连续点　　　B. 无穷间断点　　　C. 跳跃间断点　　　D. 可去间断点

28. 方程 $x^4 - x - 1 = 0$ 至少有一个根的区间是（　　）。
A. $\left(0, \dfrac{1}{2}\right)$　　B. $\left(\dfrac{1}{2}, 1\right)$　　C. $(2,3)$　　D. $(1,2)$

29. 设 $f(x)$ 在 $[a,b]$ 上连续，则下列说法错误的是（　　）。
A. $f(x)$ 在 (a,b) 内处处连续
B. $f(x)$ 在 $[a,b]$ 上有界
C. $f(x)$ 在 $[a,b]$ 上必取得最大值
D. 在 (a,b) 内必有一点 ξ，使得 $f(\xi) = 0$

30. 定义域为 $[-1,1]$，值域为 $(-\infty, +\infty)$ 的连续函数（　　）。
A. 存在且唯一　　　　　　　　　B. 不存在
C. 存在但不唯一　　　　　　　　D. 在一定条件下存在

(三)计算下列极限(每题 4 分,共 24 分)

1. $\lim\limits_{x\to 1}\dfrac{\sqrt{4-x}-\sqrt{x+2}}{x^3-1}$。

2. $\lim\limits_{x\to\infty}\dfrac{3x-5}{x^3\sin\dfrac{1}{x^2}}$。

3. $\lim\limits_{x\to\infty}\left(\dfrac{x+3}{x+2}\right)^{2x+1}$。

4. $\lim\limits_{x\to 0}\dfrac{x^2\sin\dfrac{1}{x}}{\ln(1+2x)}$。

5. $\lim\limits_{x\to 0}\dfrac{\sqrt{1+x\sin x}-1}{e^{x^2}-1}$。

6. $\lim\limits_{n\to\infty}\left(1-\dfrac{1}{2^2}\right)\left(1-\dfrac{1}{3^2}\right)\cdots\left(1-\dfrac{1}{n^2}\right)$。

(四)证明题(6分)

设函数 $f(x)$ 在 (a,b) 内连续,$a<x_1<x_2<b$,证明在 (a,b) 内至少存在一点 ξ,使得 $t_1 f(x_1)+t_2 f(x_2)=(t_1+t_2)f(\xi)$,其中 $t_1>0, t_2>0$。

章节检测试卷(B卷)

(一)判断题(每题 2 分,共 10 分)

1. 如果 $\lim\limits_{n\to\infty}|x_n|=|a|$,则 $\lim\limits_{n\to\infty}x_n=a$。 ( )
2. 两个无穷小的商还是无穷小。 ( )
3. 无穷大一定无界。 ( )
4. 分段函数一定有间断点。 ( )
5. 一切初等函数在其定义域内连续。 ( )

(二)单项选择题(每题 2 分,共 30 分)

6. 下列数列中,极限为 1 的数列是( )。

    A. $x_n=\dfrac{(-1)^n}{n}$　　B. $x_n=n(-1)^n$　　C. $x_n=\dfrac{n-1}{n+1}$　　D. $x_n=2+\dfrac{1}{10^n}$

7. 已知 $f(x)<0$,且 $\lim\limits_{x\to x_0}f(x)=k$,则( )。

    A. $k\leqslant 0$　　B. $k>0$　　C. $k=0$　　D. $k<0$

8. 设 $f(x)=\begin{cases}x+1, & x<1\\ -1, & x=1\\ 1, & x>1\end{cases}$,则 $\lim\limits_{x\to 1}f(x)$( )。

    A. 等于 2　　B. 等于 -1　　C. 等于 1　　D. 不存在

9. 当 $x\to 1$ 时,下列变量中是无穷小的是( )。

    A. $\ln(1+x)$　　B. $\sin x$　　C. e^x　　D. x^3-1

10. 当 $x\to 0$,下列是无穷大的是( )。

    A. $\dfrac{\sqrt{1+x}-1}{x}$　　B. $\dfrac{\sin x}{x}$　　C. x^2　　D. $\dfrac{1-2x}{x}$

11. 已知 $\lim\limits_{x \to x_0}[f(x)+g(x)]$ 存在，则 $\lim\limits_{x \to x_0} f(x)$ 与 $\lim\limits_{x \to x_0} g(x)$（　　）。

A. 均存在 B. 均不存在
C. 至少有一个存在 D. 都存在或都不存在

12. 若 $\lim\limits_{x \to \infty}\left(1+\dfrac{k}{x}\right)^x = 2$，则 $k=$（　　）。

A. e^2 B. $\sqrt{e}$ C. $\ln 2$ D. $-\ln 2$

13. 极限 $\lim\limits_{x \to 0}(1+x)^{\frac{1}{x}} + \lim\limits_{x \to \infty} x \sin \dfrac{1}{x} =$（　　）。

A. e B. $e+1$ C. e^{-1} D. 0

14. 当 $x \to 0$ 时，下列函数与 $e^{x^2}-1$ 是等价无穷小的是（　　）。

A. $x^2 \sin x$ B. $3x^2$ C. $\sin x^2$ D. $\dfrac{x^3}{3}$

15. 设 $f(x)=\sin 2x$，$g(x)=\tan x$，当 $x \to 0$ 时，$f(x)$ 是 $g(x)$ 的（　　）。

A. 高阶无穷小 B. 低阶无穷小 C. 等价无穷小 D. 同阶无穷小

16. 当 $x \to 0$ 时，下列变量中与 x^2 是同阶无穷小的是（　　）。

A. $\sqrt{1+x}-\sqrt{1-x}$ B. $1-\cos x$
C. $x^3+x^2\sin x$ D. $\sqrt{1+2x}-1$

17. 极限 $\lim\limits_{x \to 1}\dfrac{\sin(x^2-1)}{x-1} =$（　　）。

A. 1 B. 0 C. 2 D. $\dfrac{1}{2}$

18. 函数 $y=f(x)$ 在点 $x=x_0$ 处有定义是它在该点处连续的（　　）条件。

A. 必要 B. 充分 C. 充要 D. 无关

19. 函数 $f(x)=\dfrac{x^2-2x-8}{x+2}$ 的间断点的个数为（　　）。

A. 0 B. 1 C. 2 D. 3

20. 点 $x=1$ 是函数 $f(x)=\dfrac{x^3-1}{x-1}$ 的（　　）。

A. 连续点 B. 可去间断点
C. 跳跃间断点 D. 第二类间断点

（三）填空题（每题 2 分，共 20 分）

21. 极限 $\lim\limits_{n \to \infty}\dfrac{4n^2+5n-1}{n^2-2n+7} = $ _____ 。

22. 极限 $\lim\limits_{x \to +\infty} e^{-x} \operatorname{arccot} x = $ _____ 。

23. 极限 $\lim\limits_{x \to 4}\dfrac{\sqrt{1+2x}-3}{\sqrt{x}-2} = $ _____ 。

24. 极限 $\lim\limits_{n \to \infty}\left(1-\dfrac{1}{2^2}\right)\left(1-\dfrac{1}{3^2}\right)\cdots\left(1-\dfrac{1}{n^2}\right) = $ _____ 。

25. 设 $\lim\limits_{x \to 0}(1-kx)^{\frac{1}{x}} = e^2$，则 $k = $ _____ 。

26. 当 $a = $ _____ 时，函数 $f(x)=\begin{cases} e^x, & x \geqslant 0 \\ 2x+a, & x < 0 \end{cases}$ 在 $(-\infty, +\infty)$ 上连续。

27. 设函数 $f(x)=\begin{cases}-3, & x<0 \\ 0, & x=0 \\ 3, & x>0\end{cases}$，则 $\lim\limits_{x\to 1}f(x)=$ ＿＿＿＿＿。

28. 当 $x\to\infty$ 时，函数 $f(x)$ 与 $\dfrac{1}{x^2}$ 是等价无穷小，则 $\lim\limits_{x\to\infty}3x^2 f(x)=$ ＿＿＿＿＿。

29. 设 $f\left(x+\dfrac{1}{x}\right)=x^2+\dfrac{1}{x^2}-1$，则 $\lim\limits_{x\to 0}f(x)=$ ＿＿＿＿＿。

30. 要使函数 $f(x)=\dfrac{\tan 2x}{x}$ 在 $x=0$ 处连续，则需补充定义 $f(0)=$ ＿＿＿＿＿。

（四）解答题（每题 8 分，共 40 分）

31. 计算：

(1) $\lim\limits_{n\to\infty}\left[\dfrac{1}{1\times 3}+\dfrac{1}{3\times 5}+\cdots+\dfrac{1}{(2n-1)(2n+1)}\right]$。

(2) $\lim\limits_{x\to\infty}\dfrac{3x-5}{x^3\sin\dfrac{1}{x^2}}$。

32. 设函数 $f(x)=\begin{cases}\dfrac{\ln(1+2x)}{\tan x}, & x>0 \\ a, & x\leqslant 0\end{cases}$ 在 $x=0$ 处连续，求常数 a 的值。

33. 求函数 $f(x) = \dfrac{x^3 - 2x^2 - x + 2}{x^2 + x - 2}$ 的间断点，并判断间断点的类型。

34. 证明：若 $\lim\limits_{x \to \infty} f(x)$ 存在且不为 0，$\lim\limits_{x \to \infty} g(x)$ 不存在，则 $\lim\limits_{x \to \infty} [f(x) \cdot g(x)]$ 不存在。

35. 证明：方程 $x \ln x = 1$ 在 $(1, 2)$ 内至少有一个实根。

五、答案解析

同步练习参考答案

专题一答案　　1—5：ABDBD　　　6—7：AA

专题二答案　　8—10：BCC　　　11—15：ADDDD　　　16—20：CDBBB　　　21：D

专题三答案　　22—25：CCCA　　　26—30：CCCAC　　　31—34：BDDD

专题四答案　　35：D　　　36—40：DAADC　　　41—45：ABACA　　　46—50：ABABD
　　　　　　　51—55：BCAAC　　　56—58：DBD

专题五答案　　59—60：DC　　　61—65：ADCBC　　　66—70：BDCCB
　　　　　　　71—75：DDABD　　　76—80：DDCAB　　　81—83：DBC

专题六答案　　84—85：BC　　　86—90：CDDCA　　　91—95：CDABD　　　96—99：DBDB

专题七答案　　100：A　　　101—105：BBDBA　　　106—110：BDBDB
　　　　　　　111—115：BDACB　　　116—120：DBDBC　　　121：D

专题八答案　　122—125：DBBD　　　126：A

专题九答案　　127—128：AC

129. 证明:设 $f(x)=2^x-x^2$,它在闭区间 $[-1,1]$ 上连续,且 $f(-1)=-\dfrac{1}{2}<0$, $f(1)=1>0$,由零点定理可知,$\exists \xi \in(-1,1)$ 满足 $f(\xi)=0$,即方程 $2^x=x^2$ 在 $(-1,1)$ 内有实根 ξ。

130. 证明:设 $f(x)=x-\cos x$,它在闭区间 $\left[0,\dfrac{\pi}{2}\right]$ 上连续,且 $f(0)=-1<0$,$f\left(\dfrac{\pi}{2}\right)=\dfrac{\pi}{2}>0$,由零点定理知,$\exists \xi \in\left(0,\dfrac{\pi}{2}\right)$ 满足 $f(\xi)=0$,即方程 $x-\cos x=0$ 至少有一个正根 ξ。

章节检测试卷(A 卷)参考答案

(一)判断题

1. √ 2. × 3. × 4. √ 5. √

(二)单项选择题

1—5:DCBBB   6—10:DDCCB   11—15:BAABC
16—20:DDBDD   21—25:BDDCA   26—30:BCDDB

(三)计算下列极限

1. 解:原式 $=\lim\limits_{x\to 1}\dfrac{-2}{(\sqrt{4-x}+\sqrt{x+2})(x^2+x+1)}=-\dfrac{\sqrt{3}}{9}$。

2. 解:原式 $=\lim\limits_{x\to\infty}\dfrac{3x-5}{x}=3$。

3. 解:原式 $=\lim\limits_{x\to\infty}\left[\left(1+\dfrac{1}{x+2}\right)^{2(x+2)}\left(1+\dfrac{1}{x+2}\right)^{-3}\right]=\mathrm{e}^2$。

4. 解:原式 $=\lim\limits_{x\to 0}\dfrac{x^2\sin\dfrac{1}{x}}{2x}=\lim\limits_{x\to 0}\dfrac{1}{2}x\sin\dfrac{1}{x}=0$。

5. 解:原式 $=\lim\limits_{x\to 0}\dfrac{\dfrac{1}{2}x\sin x}{x^2}=\dfrac{1}{2}\lim\limits_{x\to 0}\dfrac{\sin x}{x}=\dfrac{1}{2}$。

6. 解:原式 $=\lim\limits_{n\to\infty}\left(\dfrac{1}{2}\cdot\dfrac{2}{3}\cdot\dfrac{3}{4}\cdots\dfrac{n-1}{n}\right)\left(\dfrac{3}{2}\cdot\dfrac{4}{3}\cdot\dfrac{5}{4}\cdots\dfrac{n+1}{n}\right)=\lim\limits_{n\to\infty}\dfrac{n+1}{2n}=\dfrac{1}{2}$。

(四)证明题

证明:设 $g(x)=t_1 f(x_1)+t_2 f(x_2)-(t_1+t_2)f(x)$,则它在 $[x_1,x_2]$ 上连续。又
$g(x_1)=t_1 f(x_1)+t_2 f(x_2)-(t_1+t_2)f(x_1)=t_2[f(x_2)-f(x_1)]$,
$g(x_2)=t_1 f(x_1)+t_2 f(x_2)-(t_1+t_2)f(x_2)=t_1[f(x_1)-f(x_2)]$。
如果 $f(x_1)=f(x_2)$,则 $\xi=x_1$ 或 x_2 即可。
如果 $f(x_1)\neq f(x_2)$,则 $g(x_1),g(x_2)$ 符号相反,根据零点定理,在 (x_1,x_2) 内至少存在一点 ξ,使得 $g(\xi)=0$,即 $t_1 f(x_1)+t_2 f(x_2)=(t_1+t_2)f(\xi)$。

章节检测试卷(B 卷)参考答案

(一)判断题

1. × 2. × 3. √ 4. × 5. ×

(二)单项选择题

6—10:CADDD   11—15:DCBCD   16—20:BCABB

(三)填空题

21. 4　　22. 0　　23. $y=\dfrac{4}{3}$　　24. $\dfrac{1}{2}$　　25. -2

26. 1　　27. 3　　28. 3　　29. -3　　30. 2

(四)解答题

31. 解：

(1) 原式 $=\lim\limits_{n\to\infty}\left[\dfrac{1}{2}\left(1-\dfrac{1}{3}\right)+\dfrac{1}{2}\left(\dfrac{1}{3}-\dfrac{1}{5}\right)+\cdots+\dfrac{1}{2}\left(\dfrac{1}{2n-1}-\dfrac{1}{2n+1}\right)\right]$

$=\lim\limits_{n\to\infty}\dfrac{1}{2}\left(1-\dfrac{1}{2n+1}\right)=\dfrac{1}{2}$。

(2) 原式 $=\lim\limits_{x\to\infty}\dfrac{3x-5}{x^3\cdot\dfrac{1}{x^2}}=\lim\limits_{x\to\infty}\dfrac{3x-5}{x}=3$。

32. 解：$a=\lim\limits_{x\to 0}\dfrac{\ln(1+2x)}{\tan x}=\lim\limits_{x\to 0}\dfrac{2x}{x}=2$。

33. 解：$x^2+x-2=0\Rightarrow(x+2)(x-1)=0\Rightarrow x_1=-2, x_2=1$，因此函数的间断点是 $x=-2$ 和 $x=1$。

$\lim\limits_{x\to -2}\dfrac{x^3-2x^2-x+2}{x^2+x-2}=\lim\limits_{x\to -2}\dfrac{(x-1)(x+1)(x-2)}{(x+2)(x-1)}=\lim\limits_{x\to -2}\dfrac{(x+1)(x-2)}{(x+2)}=\infty$，

因此 $x=-2$ 为第二类间断点。

$\lim\limits_{x\to 1}\dfrac{x^3-2x^2-x+2}{x^2+x-2}=\lim\limits_{x\to 1}\dfrac{(x-1)(x+1)(x-2)}{(x+2)(x-1)}=\lim\limits_{x\to 1}\dfrac{(x+1)(x-2)}{(x+2)}=-\dfrac{2}{3}$，

因此 $x=1$ 为可去间断点。

34. 证明：(反证法)假设 $\lim\limits_{x\to\infty}[f(x)\cdot g(x)]$ 存在，由于 $\lim\limits_{x\to\infty}f(x)$ 存在且不为 0，而 $g(x)=\dfrac{f(x)\cdot g(x)}{f(x)}$，由商的极限法则可知 $\lim\limits_{x\to\infty}g(x)$ 存在，此与已知 $\lim\limits_{x\to\infty}g(x)$ 不存在矛盾，故 $\lim\limits_{x\to\infty}[f(x)\cdot g(x)]$ 不存在。

35. 证明：设 $f(x)=x\ln x-1$，则它在 $[1,2]$ 上连续。又 $f(1)=-1<0$，

$f(2)=2\ln 2-1=\ln\dfrac{4}{e}>0$，由零点定理可知，存在 $\xi\in(1,2)$，使 $f(\xi)=0$ 成立，即方程 $x\ln x=1$ 至少有一个介于 1 和 2 之间的实根。

第三章　导数与微分

学习要有三心：一信心，二决心，三恒心。

——陈景润

陈景润（1933年5月22日—1996年3月19日），福建福州人，中国著名数学家。曾当选为中国科学院学部委员（院士）、国家科委数学学科组成员、中国科学院原数学研究所研究员、《数学学报》主编，入选"最美奋斗者"个人名单；曾获何梁何利基金奖、国家自然科学奖一等奖、华罗庚数学奖、100名改革开放杰出贡献对象、改革先锋。

陈景润主要从事解析数论方面的研究，并在哥德巴赫猜想研究方面取得国际领先的成果。20世纪50年代对高斯圆内格点、球内格点、塔里问题与华林问题作了重要改进。60年代以后对筛法及其有关重要问题作了深入研究，1966年5月证明了命题"1+2"，将200多年来人们未能解决的哥德巴赫猜想的证明大大推进了一步，这一结果被国际上誉为"陈氏定理"。

一、基本要求

1. 理解导数的概念，掌握导数定义的结构形式，熟悉导数定义的等价形式；能够利用定义求函数的导数。
2. 掌握导数的几何意义，理解函数的可导性与连续性之间的关系。
3. 掌握导数的基本公式；熟练掌握函数四则运算的求导法则。
4. 了解反函数的求导方法；掌握复合函数的求导方法；掌握隐函数的求导方法；掌握对数求导法；会求参数方程所确定的函数的导数。
5. 了解高阶导数的概念；能够熟练计算初等函数的二阶导数；了解常用函数的高阶导数公式。
6. 理解函数微分的概念，了解微分的几何意义；掌握函数的可导性与可微性之间的关系。
7. 掌握基本微分公式，熟悉微分的运算法则，了解微分形式的不变性；掌握求函数（含隐函数）微分的方法。
8. 了解微分在近似计算中的应用。

二、内容概要

(一) 导数的概念

1. 导数的定义

设函数 $y=f(x)$ 在点 x_0 的某邻域内有定义，当自变量 x 在点 x_0 处取得增量 $\Delta x(\Delta x\neq 0)$，且 $x_0+\Delta x$ 仍在该邻域内）时，函数相应的增量为 $\Delta y=f(x_0+\Delta x)-f(x_0)$。如果极限

$$\lim_{\Delta x\to 0}\frac{\Delta y}{\Delta x}=\lim_{\Delta x\to 0}\frac{f(x_0+\Delta x)-f(x_0)}{\Delta x}$$

存在，则称函数 $y=f(x)$ 在点 x_0 处可导，并称这个极限值为函数 $y=f(x)$ 在点 x_0 处的导数，

记作

$$f'(x_0), y'|_{x=x_0}, \frac{dy}{dx}\Big|_{x=x_0}, 或 \frac{d}{dx}f(x)|_{x=x_0}。$$

2. 单侧导数

设函数 $y=f(x)$ 在点 x_0 的左邻域 $(x_0-\delta, x_0]$(或右邻域 $[x_0, x_0+\delta)$)有定义,如果极限

$$\lim_{\Delta x \to 0^-} \frac{\Delta y}{\Delta x} = \lim_{\Delta x \to 0^-} \frac{f(x_0+\Delta x)-f(x_0)}{\Delta x}(或 \lim_{\Delta x \to 0^+} \frac{\Delta y}{\Delta x} = \lim_{\Delta x \to 0^+} \frac{f(x_0+\Delta x)-f(x_0)}{\Delta x})$$

存在,则称函数 $y=f(x)$ 在点 x_0 处左可导(或右可导),并称这个极限值为函数 $y=f(x)$ 在点 x_0 处的左导数(或右导数),记作 $f'_-(x_0)$(或 $f'_+(x_0)$)。

定理 1 如果 $f(x)$ 在点 x_0 的某邻域内有定义,则 $f'(x_0)$ 存在的充分必要条件是左右导数 $f'_-(x_0), f'_+(x_0)$ 都存在且 $f'_-(x_0) = f'_+(x_0)$。

3. 导数的几何意义

函数 $f(x)$ 在点 x_0 处可导,表明曲线 $y=f(x)$ 在点 $(x_0, f(x_0))$ 处具有不垂直于 x 轴的切线,且导数 $f'(x_0)$ 就是曲线 $y=f(x)$ 在点 $(x_0, f(x_0))$ 处的线的斜率,即 $f'(x_0) = \tan\alpha$,其中 α 为切线的倾斜角。

(1)切线方程:$y - f(x_0) = f'(x_0)(x - x_0)$。

注:当 $f'(x_0) = \infty$ 时,则有垂直于 x 轴的切线,其方程为 $x = x_0$。

(2)法线方程:

当 $f'(x_0) \neq 0$ 时,法线方程为 $y - f(x_0) = -\frac{1}{f'(x_0)}(x - x_0)$。

当 $f'(x_0) = 0$ 时,则有垂直于 x 轴的法线,其方程为 $x = x_0$。

4. 可导与连续的关系

定理 2 如果函数 $f(x)$ 在点 x_0 处可导,则函数 $f(x)$ 在点 x_0 处连续。

但函数 $f(x)$ 在 x_0 处连续,却不一定在 x_0 处可导,即函数连续是函数可导的必要条件。

(二)基本初等函数的导数公式

(1) $C' = 0$;   (2) $(x^\mu)' = \mu x^{\mu-1}$;

(3) $(a^x)' = a^x \ln a$;   (4) $(\log_a x)' = \frac{1}{x \ln a}$;

(5) $(\sin x)' = \cos x$;   (6) $(\cos x)' = -\sin x$;

(7) $(\tan x)' = \sec^2 x$;   (8) $(\cot x)' = -\csc^2 x$;

(9) $(\sec x)' = \sec x \tan x$;   (10) $(\csc x)' = -\csc x \cot x$;

(11) $(\arcsin x)' = \frac{1}{\sqrt{1-x^2}}$;   (12) $(\arccos x)' = -\frac{1}{\sqrt{1-x^2}}$;

(13) $(\arctan x)' = \frac{1}{1+x^2}$;   (14) $(\text{arccot } x)' = -\frac{1}{1+x^2}$。

(三)函数的求导法则

1. 函数和、差、积、商的求导法则

定理 3 如果函数 $u = u(x)$ 及 $v = v(x)$ 在点 x 处可导,则它们的和、差、积、商(当分母不为零时)在点 x 处也可导,且

(1) $[u(x) \pm v(x)]' = u'(x) \pm v'(x)$;

(2) $[u(x)v(x)]' = u'(x)v(x) + u(x)v'(x)$;

(3) $\left[\dfrac{u(x)}{v(x)}\right]' = \dfrac{u'(x)v(x) - u(x)v'(x)}{v^2(x)}$。

推论 1 如果函数 $u_1(x), u_2(x), \cdots, u_n(x)$ 在点 x 处可导，则
$$[u_1(x) \pm u_2(x) \pm \cdots \pm u_n(x)]' = u_1'(x) \pm u_2'(x) \pm \cdots \pm u_n'(x)。$$

推论 2 如果函数 $u(x)$ 在点 x 处可导，C 是常数，则
$$[Cu(x)]' = Cu'(x)。$$

推论 3 如果函数 $u_1(x), u_2(x), \cdots, u_n(x)$ 在点 x 处可导，则
$$[u_1(x)u_2(x)\cdots u_n(x)]' = u_1'(x)u_2(x)\cdots u_n(x) + u_1(x)u_2'(x)\cdots u_n(x) + \cdots + u_1(x)u_2(x)\cdots u_n'(x)。$$

2. 反函数的求导法则

定理 4 设函数 $x = \varphi(y)$ 在点 y 的某邻域内有定义，如果 $x = \varphi(y)$ 单调，在点 y 处可导，且 $\varphi'(y) \neq 0$，则它的反函数 $y = f(x)$ 在对应的点 x 处也可导，且
$$f'(x) = \dfrac{1}{\varphi'(y)} \text{ 或 } \dfrac{\mathrm{d}y}{\mathrm{d}x} = \dfrac{1}{\dfrac{\mathrm{d}x}{\mathrm{d}y}}。$$

3. 复合函数的求导法则

定理 5 如果函数 $u = \varphi(x)$ 在点 x 处可导，而函数 $y = f(u)$ 在对应的点 u 处可导，则复合函数 $y = f(\varphi(x))$ 在点 x 处也可导，且
$$\{f[\varphi(x)]\}' = f'(u) \cdot \varphi'(x) \text{ 或 } \dfrac{\mathrm{d}y}{\mathrm{d}x} = \dfrac{\mathrm{d}y}{\mathrm{d}u} \cdot \dfrac{\mathrm{d}u}{\mathrm{d}x}。$$

(四) 高阶导数

1. 定义

若 $y' = f'(x)$ 可导，则称 $y' = f'(x)$ 的导数为函数 $f(x)$ 的二阶导数，记作
$$y'', f''(x) \text{ 或 } \dfrac{\mathrm{d}^2 y}{\mathrm{d}x^2}。$$

类似地，函数 $y = f(x)$ 的二阶导数 $f''(x)$ 的导数称为函数 $y = f(x)$ 的三阶导数，记作
$$y''', f'''(x) \text{ 或 } \dfrac{\mathrm{d}^3 y}{\mathrm{d}x^3}。$$

一般地，函数 $f(x)$ 的 $(n-1)$ 阶导数 $f^{(n-1)}(x)$ 的导数称为 $f(x)$ 的 n 阶导数，记作
$$y^{(n)}, f^{(n)}(x) \text{ 或 } \dfrac{\mathrm{d}^n y}{\mathrm{d}x^n}。$$

二阶以及二阶以上的导数统称为高阶导数。

2. 公式

(1) $(x^\mu)^{(n)} = \mu(\mu-1)\cdots(\mu-n+1)x^{\mu-n}$;

(2) $(a^x)^{(n)} = a^x (\ln a)^n$;

(3) $(\sin x)^{(n)} = \sin\left(x + n \cdot \dfrac{\pi}{2}\right)$;

(4) $(\cos x)^{(n)} = \cos\left(x + n \cdot \dfrac{\pi}{2}\right)$;

(5) $[\ln(1+x)]^{(n)} = (-1)^{n-1} \dfrac{(n-1)!}{(1+x)^n}$。

(五)隐函数及由参数方程所确定的函数的导数

1. 隐函数的求导法则

设方程 $F(x,y)=0$ 所确定的隐函数为 $y=f(x)$，代入原方程中可得 $F(x,f(x))\equiv 0$。利用复合函数的求导法则，方程两边同时对 x 求导，注意到 y 是 x 的函数。最后从等式中解出 y'，即得隐函数 $y=f(x)$ 的导数。

2. 对数求导法

对所给的函数表达式两边分别取对数，按照隐函数的求导方法求出导数 y'。

3. 由参数方程所确定的函数的求导法则

定理 6 设有参数方程
$$\begin{cases} x=\varphi(t) \\ y=\psi(t) \end{cases} (t \text{ 为参数}),$$

如果函数 $x=\varphi(t)$ 与 $y=\psi(t)$ 在 $[\alpha,\beta]$ 上可导，且 $\varphi'(t)\neq 0$，则由参数方程所确定的函数 $y=y(x)$ 也可导，且

$$\frac{dy}{dx}=\frac{\psi'(t)}{\varphi'(t)} \text{ 或 } \frac{dy}{dx}=\frac{\frac{dy}{dt}}{\frac{dx}{dt}}。$$

(六)函数的微分

1. 微分的定义

设函数 $y=f(x)$ 在点 x_0 的某邻域内有定义，当自变量 x 在点 x_0 有增量 Δx 时，如果相应的函数增量 $\Delta y=f(x_0+\Delta x)-f(x_0)$ 可以表示为

$$\Delta y=A\Delta x+o(\Delta x),$$

其中 A 是与 Δx 无关的常数，$o(\Delta x)$ 是比 Δx 高阶的无穷小（$\Delta x\to 0$），则称函数 $y=f(x)$ 在点 x_0 处可微，且 $A\Delta x$ 称为函数 $y=f(x)$ 在点 x_0 处的微分，记为

$$dy|_{x=x_0}=A\Delta x。$$

2. 可微与可导的关系

函数 $f(x)$ 在点 x_0 处可微的充分必要条件是函数 $f(x)$ 在点 x_0 处可导，且 $A=f'(x_0)$。

函数 $y=f(x)$ 在点 x_0 处的微分通常写做 $dy|_{x=x_0}=f'(x_0)dx$。

如果函数 $y=f(x)$ 在区间 I 的每一点 x 处都可微，则称函数 $y=f(x)$ 在区间 I 可微，且称函数 $y=f(x)$ 在区间 I 的任意一点 x 处的微分为 $y=f(x)$ 的微分，记作 dy 或 $df(x)$，即 $dy=f'(x)dx$。

3. 微分的几何意义

函数 $y=f(x)$ 在点 x_0 处的微分 dy 表示曲线 $y=f(x)$ 在点 $(x_0,f(x_0))$ 处当自变量有增量 Δx 时，曲线在该点处切线纵坐标的增量。

4. 微分在近似计算中的应用

(1) 求函数增量的近似值

如果函数 $y=f(x)$ 在点 x_0 处可导，当 $|\Delta x|$ 很小时，有

$$\Delta y=f(x_0+\Delta x)-f(x_0)\approx f'(x_0)\Delta x=dy。$$

(2) 求函数值的近似值

如果函数 $y=f(x)$ 在点 x_0 处可导,在点 x_0 的附近,有
$$f(x) \approx f(x_0) + f'(x_0)(x-x_0)。$$

特殊地,当 $x_0=0$ 且 $|x|$ 很小时,有
$$f(x) \approx f(0) + f'(0)x。$$

三、同步练习

专题一:导数的概念

1. 设 $f'(0) = \dfrac{1}{2}$,则 $\lim\limits_{h \to 0} \dfrac{f(2h)-f(0)}{h} = ($ $)$。

  A. 2   B. 1   C. $\dfrac{1}{2}$ D. 0

2. 若函数 $f(x)$ 在点 x_0 处可导,则 $\lim\limits_{h \to 0} \dfrac{f(x_0-h)-f(x_0)}{h} = ($ $)$。

  A. $f'(x_0)$ B. $-f'(x_0)$ C. 0   D. $f(x_0)$

3. 若 $f'(2) = \dfrac{2}{3}$,则 $\lim\limits_{x \to 0} \dfrac{f(2-3x)-f(2)}{x} = ($ $)$。

  A. -3 B. -2 C. 2   D. 3

4. 若 $f'(6) = 10$,则 $\lim\limits_{x \to 0} \dfrac{f(6)-f(6-x)}{5x} = ($ $)$。

  A. -2 B. 2   C. -10 D. 10

5. 若 $\lim\limits_{\Delta x \to 0} \dfrac{f(x_0+2\Delta x)-f(x_0)}{\Delta x} = 1$,则 $f'(x_0) = ($ $)$。

  A. $\dfrac{1}{2}$ B. $-\dfrac{1}{2}$ C. 2   D. -2

6. 设 $f(x)$ 在 x_0 的某邻域有定义,则 $f(x)$ 在 x_0 可导的充分条件是(   )。

  A. $\lim\limits_{h \to +\infty} h\left[f\left(x_0+\dfrac{1}{h}\right)-f(x_0)\right]$ 存在   B. $\lim\limits_{h \to 0} \dfrac{f(x_0+2h)-f(x_0+h)}{h}$ 存在

  C. $\lim\limits_{h \to 0} \dfrac{f(x_0+h)-f(x_0-h)}{2h}$ 存在   D. $\lim\limits_{h \to 0} \dfrac{f(x_0)-f(x_0-h)}{h}$ 存在

7. 设 $f(x)$ 可导且下列极限均存在,则(   )成立。

  A. $\lim\limits_{\Delta x \to 0} \dfrac{f(x_0+2\Delta x)-f(x_0)}{\Delta x} = \dfrac{1}{2}f'(x_0)$ B. $\lim\limits_{x \to 0} \dfrac{f(x)-f(0)}{x} = f'(0)$

  C. $\lim\limits_{\Delta x \to 0} \dfrac{f(x_0-\Delta x)-f(x_0)}{\Delta x} = f'(x_0)$ D. $\lim\limits_{h \to 0} \dfrac{f(a+2h)-f(a)}{h} = f'(a)$

8. 设函数 $f(x) = \begin{cases} \ln x, & x \geq 1 \\ x-1, & x < 1 \end{cases}$,则 $f(x)$ 在点 $x=1$ 处(   )。

  A. 连续但不可导   B. 连续且 $f'(1)=1$

  C. 连续且 $f'(1)=0$ D. 不连续

9. 已知函数 $f(x) = \begin{cases} 1-x, & x \leq 0 \\ e^{-x}, & x > 0 \end{cases}$,则 $f(x)$ 在点 $x=0$ 处(   )。

  A. 导数 $f'(0)=-1$ B. 间断

  C. 导数 $f'(0)=1$ D. 连续但不可导

10. 函数 $f(x)=\begin{cases}xe^x, & x<0 \\ x, & x\geq 0\end{cases}$ 在点 $x=0$ 处（　　）不成立。

　　A. 可导　　　　　　B. 连续　　　　　　C. 可微　　　　　　D. 连续但不可导

11. 设函数 $y=f(x)$ 在点 x_0 处可导，且 $f'(x)>0$，则曲线 $y=f(x)$ 在点 $(x_0,f(x_0))$ 处的切线的倾斜角是（　　）。

　　A. 0　　　　　　B. $\dfrac{\pi}{2}$　　　　　　C. 锐角　　　　　　D. 钝角

12. 函数在某点不可导，则函数所表示的曲线在该点的切线（　　）。

　　A. 一定不存在　　　　　　　　　　B. 可能存在

　　C. 一定存在　　　　　　　　　　　D. 一定平行于 x 轴

13. 函数 $y=f(x)$ 在 x_0 处可导是 $f(x)$ 在 x_0 处连续的（　　）。

　　A. 必要条件　　　B. 充分条件　　　C. 充要条件　　　D. 无关条件

14. 若函数 $f(x)$ 在 x_0 处不连续，则 $f(x)$ 在 x_0 处（　　）。

　　A. 必不可导　　　B. 必可导　　　C. 不一定可导　　　D. 必无定义

15. 若函数 $f(x)$ 在 x_0 处可导，则错误的是（　　）。

　　A. 函数 $f(x)$ 在 x_0 处有定义　　　　B. $\lim\limits_{x\to x_0}f(x)=A$，但 $A\neq f(x_0)$

　　C. 函数 $f(x)$ 在 x_0 处连续　　　　　D. 函数 $f(x)$ 在 x_0 处可微

16. 设函数 $f(x)=|x-1|$，则下列结论正确的是（　　）。

　　A. 在点 $x=1$ 处连续可导　　　　　B. 在点 $x=1$ 处不连续

　　C. 在点 $x=0$ 处连续可导　　　　　D. 在点 $x=0$ 处不连续

17. 求函数 $f(x)=\begin{cases}2\sin x, & x<0 \\ 2x, & x\geq 0\end{cases}$ 在点 $x=0$ 处的导数。

18. 讨论函数 $f(x)=|\tan x|$ 在 $x=0$ 处连续性和可导性。

专题二：基本初等函数的导数公式

19. 如果一个函数的瞬时变化率处处为零，则该函数的图像是（　　）。

　　A. 圆　　　　　　B. 直线　　　　　　C. 椭圆　　　　　　D. 抛物线

20. 一质点做直线运动,它经过的路程和时间的关系是 $s(t)=4t^2-3$,则 $t=5$ 时的瞬时速度为( )。
   A. 37　　　　　　B. 38　　　　　　C. 39　　　　　　D. 40

21. 若 $f(x)=2^x$,则 $\lim\limits_{\Delta x \to 0}\dfrac{f(0-\Delta x)-f(0)}{\Delta x}=($)。
   A. 0　　　　　　B. 1　　　　　　C. $-\ln 2$　　　　　　D. $\dfrac{1}{\ln 2}$

22. 设 $f\left(\dfrac{1}{x}\right)=x$,则 $f'(x)=($)。
   A. 1　　　　　　B. $\dfrac{1}{x^2}$　　　　　　C. $-\dfrac{1}{x^2}$　　　　　　D. $2x$

23. 曲线 $y=\ln x$ 上某点的切线平行于直线 $y=2x-3$,则该点坐标是( )。
   A. $\left(2,\ln\dfrac{1}{2}\right)$　　B. $\left(2,-\ln\dfrac{1}{2}\right)$　　C. $\left(\dfrac{1}{2},\ln 2\right)$　　D. $\left(\dfrac{1}{2},-\ln 2\right)$

24. 曲线 $y=x^3-1$ 在点 $(1,0)$ 处的法线斜率是( )。
   A. 3　　　　　　B. $-\dfrac{1}{3}$　　　　　　C. 2　　　　　　D. $-\dfrac{1}{2}$

25. 曲线 $y=\dfrac{1}{x^2}$ 在点 $\left(2,\dfrac{1}{4}\right)$ 处的切线方程是( )。
   A. $y=-\dfrac{1}{4}x+\dfrac{3}{4}$　　B. $y=\dfrac{1}{4}x-\dfrac{3}{4}$　　C. $y=-\dfrac{1}{4}x-\dfrac{3}{4}$　　D. $y=\dfrac{1}{4}x+\dfrac{3}{4}$

26. 曲线 $y=\sin x$ 点 $(\pi,0)$ 处的法线斜率是( )。
   A. -1　　　　　　B. 1　　　　　　C. 0　　　　　　D. 2

27. 曲线 $y=x^2-2x$ 上切线平行于 x 轴的点是( )。
   A. $(0,0)$　　　　B. $(1,-1)$　　　　C. $(-1,-1)$　　　　D. $(1,1)$

28. 曲线 $y=\sqrt{x}+1$ 在 $x=1$ 处的切线方程是( )。
   A. $y=\dfrac{1}{2}x+\dfrac{3}{2}$　　　　　　B. $y=\dfrac{1}{2}x-\dfrac{3}{2}$
   C. $y=-\dfrac{1}{2}x-\dfrac{3}{2}$　　　　　D. $y=-\dfrac{1}{2}x+\dfrac{3}{2}$

专题三:函数的求导法则

29. 设 $f(x)=x\ln x$,且 $f'(x_0)=2$,则 $f(x_0)=($)。
   A. $\dfrac{2}{e}$　　　　　　B. $\dfrac{e}{2}$　　　　　　C. e　　　　　　D. 1

30. 函数 $y=(x+1)^2(x-1)$ 在 $x=1$ 处的导数等于( )。
   A. 1　　　　　　B. 2　　　　　　C. 3　　　　　　D. 4

31. $y=e^x(\sin x-x\cos x)$,则 $y'=($)。
   A. $e^x(\sin x+x\cos x)$　　　　　　B. $xe^x\sin x$
   C. $e^x(\cos x-x\sin x)$　　　　　　D. $e^x(\sin x-x\cos x)+xe^x\sin x$

32. 若 $y=\dfrac{x\sin x}{1+\cos x}$,则 $y'=($)。
   A. $\dfrac{x-\sin x}{1+\cos x}$　　B. $\dfrac{\sin x+x}{1+\cos x}$　　C. $\dfrac{\sin x-x}{1+\cos x}$　　D. $\dfrac{\sin x+x}{1-\cos x}$

33. 设 $f(x)=ax^3+3x^2+2$，若 $f'(-1)=4$，则 $a=($ $)$。
A. $\dfrac{19}{3}$ B. $\dfrac{16}{3}$ C. $\dfrac{13}{3}$ D. $\dfrac{10}{3}$

34. 设 $f(x)=x(x-1)(x-2)(x-3)$，则 $f'(0)=($ $)$。
A. 3 B. -3 C. 6 D. -6

35. 设 $f(x)=x\sin x\ln x$，则 $f'(1)=($ $)$。
A. 0 B. 1 C. $\sin 1$ D. $\cos 1$

36. 设 $f(x)=\dfrac{1-\ln x}{1+\ln x}$，则 $f'(1)=($ $)$。
A. -2 B. -1 C. 0 D. 1

37. 若 $y=\sin(3x^2)$，则 $y'=($ $)$.
A. $\cos(3x^2)$
B. $-\cos(3x^2)$
C. $6x\cos(3x^2)$
D. $-6x\cos(3x^2)$

38. 函数 $y=(2x-1)^3$ 的图像在 $(0,-1)$ 处切线的斜率是（   ）。
A. 3 B. 6 C. 12 D. -1

39. 设 $y=1+\sin\dfrac{x}{3}$，则 $y'(0)=($ $)$.
A. 0 B. $\dfrac{1}{3}$ C. 1 D. $-\dfrac{1}{3}$

40. 设 $y=\cos x^2$，则 $y'=($ $)$.
A. $\sin x^2$ B. $-\sin x^2$ C. $-2x\sin x^2$ D. $2x\sin x^2$

41. 下列函数中，（   ）的导数不等于 $\dfrac{1}{2}\sin 2x$。
A. $\dfrac{1}{2}\sin^2 x$ B. $\dfrac{1}{4}\cos 2x$ C. $-\dfrac{1}{2}\cos^2 x$ D. $1-\dfrac{1}{4}\cos 2x$

42. 设 $y=\ln(x^2+1)$，则 $y'(1)=($ $)$.
A. 0 B. $\dfrac{1}{2}$ C. 1 D. $-\dfrac{1}{2}$

43. 设 $y=f(-x)$，则 $y'=($ $)$.
A. $f(x)$ B. $-f'(x)$ C. $f'(-x)$ D. $-f'(-x)$

44. 若 $y=\arctan\dfrac{1-x}{1+x}$，则 $y'=($ $)$.
A. $-\dfrac{1}{1+x^2}$ B. $\dfrac{1}{1+x^2}$ C. $-\dfrac{1}{1-x^2}$ D. $\dfrac{1}{1-x^2}$

45. 若 $\dfrac{\mathrm{d}}{\mathrm{d}x}f(\ln x)=x$，则 $f'(x)=($ $)$。
A. x^{-2} B. x^2 C. e^{-2x} D. e^{2x}

46. 设 $f(x)$ 为可导的奇函数，且 $f'(x_0)=a$，则 $f'(-x_0)=($ $)$。
A. a B. $-a$ C. $|a|$ D. 0

47. 设 $f(2x)=\ln x$，则 $f'(x)=($ $)$。
A. $\dfrac{1}{x}$ B. $\dfrac{1}{2x}$ C. x D. 1

48. 已知 $\dfrac{d}{dx}\left[f\left(\dfrac{1}{x^2}\right)\right]=\dfrac{1}{x}$，则 $f'\left(\dfrac{1}{2}\right)=$ (　　)。
A. 4　　　　　　　　B. -1　　　　　　　　C. 2　　　　　　　　D. -4

49. 设 $f(x)=xe^{1-\cos x}$，则 $f'(0)=$ (　　)。
A. 0　　　　　　　　B. 1　　　　　　　　C. e　　　　　　　　D. 2

50. 设 $f(x)=3^{\sin x}$，则 $f'(0)=$ (　　)。
A. 1　　　　　　　　B. 3　　　　　　　　C. $\ln 3$　　　　　　　　D. $\dfrac{1}{3}$

51. 设 $f(x)=(\arcsin x)^3$，则 $f'(0)=$ (　　)。
A. 0　　　　　　　　B. 1　　　　　　　　C. 2　　　　　　　　D. 3

52. 设 $f(x)=\ln\tan x$，则 $f'\left(\dfrac{\pi}{4}\right)=$ (　　)。
A. 0　　　　　　　　B. -1　　　　　　　　C. 1　　　　　　　　D. 2

53. 设 $f(x)=\arctan x^2$，则 $f'(-1)=$ (　　)。
A. $\dfrac{1}{2}$　　　　　　　　B. -1　　　　　　　　C. 0　　　　　　　　D. 1

54. 曲线 $y=\ln(\sqrt{1+x^2}-x)$ 在 $x=0$ 处的切线与 x 轴正向的夹角是 (　　)。
A. 0　　　　　　　　B. $\dfrac{\pi}{4}$　　　　　　　　C. $\dfrac{\pi}{3}$　　　　　　　　D. $\dfrac{3\pi}{4}$

55. 已知 $f(x)=\sqrt{\tan\dfrac{x}{2}}$，求 $f'\left(\dfrac{\pi}{2}\right)$。

专题四：高阶导数

56. 设 $y=e^{-x}$，则 $y''(1)=$ (　　)。
A. e　　　　　　　　B. e^{-1}　　　　　　　　C. 0　　　　　　　　D. 1

57. 设 $f(x)=xe^x$，则 $f''(0)=$ (　　)。
A. 1　　　　　　　　B. 0　　　　　　　　C. 2　　　　　　　　D. 3

58. 若 $(\sin 2x)'=f(x)$，则 $f'(x)=$ (　　)。
A. $\sin 2x$　　　　　　B. $-4\sin 2x$　　　　　　C. $-2\sin 2x$　　　　　　D. $-\sin 2x$

59. 已知 $y=e^{f(x)}$，则 $y''=$ (　　)。
A. $e^{f(x)}f''(x)$　　　　　　　　　　　　　　B. $e^{f(x)}$
C. $e^{f(x)}[f'(x)+f''(x)]$　　　　　　　　D. $e^{f(x)}\{[f'(x)]^2+f''(x)\}$

60. 已知 $y=\sin x$，则 $y^{(10)}=$ (　　)。
A. $\sin x$　　　　　　　B. $\cos x$　　　　　　　C. $-\sin x$　　　　　　　D. $-\cos x$

61. 已知 $y=\cos x$, 则 $y^{(8)}=$ ( )。
A. $\sin x$ B. $\cos x$ C. $-\sin x$ D. $-\cos x$

62. 设 $y=\ln(1+x)$, 则 $y^{(9)}(0)=$ ( )。
A. $8!$ B. $-9!$ C. $-8!$ D. $9!$

63. 设 $y=x\ln x$, 则 $y^{(10)}=$ ( )。
A. $-\dfrac{1}{x^9}$ B. $\dfrac{1}{x^9}$ C. $\dfrac{8!}{x^9}$ D. $-\dfrac{8!}{x^9}$

64. 设 $y=e^{3x}$, 则 $y^{(10)}(0)=$ ( )。
A. 0 B. 1 C. 30 D. 3^{10}

65. 设 $y=\ln x$, 则 $y^{(n)}=$ ( )。
A. $(-1)^n n!\ x^{-n}$ B. $(-1)^n (n-1)!\ x^{-2n}$
C. $(-1)^{n-1}(n-1)!\ x^{-n}$ D. $(-1)^{n-1} n!\ x^{-n+1}$

专题五：隐函数及由参数方程所确定的函数的导数

66. 曲线 $\sqrt{x}+\sqrt{y}=\sqrt{a}$ 在点 $(1,2)$ 处的切线方程是( )。
A. $y-2=\sqrt{2}(x-1)$ B. $y-2=\dfrac{\sqrt{2}}{2}(x-1)$
C. $y-2=-\sqrt{2}(x-1)$ D. $y-2=-\dfrac{\sqrt{2}}{2}(x-1)$

67. 设 $xy=\cos xy$, 则 $\dfrac{dy}{dx}=$ ( )。
A. $\dfrac{y}{x}$ B. $\dfrac{x}{y}$ C. $-\dfrac{y}{x}$ D. $-\dfrac{x}{y}$

68. 若 $xy+e^y=e^x$, 则 $y'=$ ( )。
A. $\dfrac{e^y+x}{e^x-y}$ B. $\dfrac{e^y-x}{e^x+y}$ C. $\dfrac{e^x+y}{e^y-x}$ D. $\dfrac{e^x-y}{e^y+x}$

69. 若 $\arctan\dfrac{y}{x}=\ln\sqrt{x^2+y^2}$, 则 $y'=$ ( )。
A. $\dfrac{x+y}{x-y}$ B. $\dfrac{x-y}{x+y}$ C. $\dfrac{y+x}{y-x}$ D. $\dfrac{y-x}{y+x}$

70. 若 $\dfrac{y}{x}+\dfrac{x}{y}=4$, 则 $y'=$ ( )。
A. $\dfrac{2x-y}{2y-x}$ B. $\dfrac{y-2x}{2y-x}$ C. $\dfrac{2y-x}{2x-y}$ D. $\dfrac{x+2y}{2x-y}$

71. 设 $y=(\ln x)^x$, 则 $\dfrac{dy}{dx}\bigg|_{x=e}=$ ( )。
A. $\dfrac{1}{e}$ B. 1 C. e D. $e+1$

72. 设 $\begin{cases} x=\dfrac{t^2}{2} \\ y=1-t \end{cases}$, 则 $\dfrac{dx}{dy}=$ ( )。
A. t B. -1 C. $-\dfrac{1}{t}$ D. $-t$

73. 圆 $\begin{cases} x = 2\cos\theta \\ y = 2\sin\theta \end{cases}$ 上相应于 $\theta = \dfrac{\pi}{4}$ 处的切线斜率 $k = ($ $)$。

A. -1　　　　　　　B. 0　　　　　　　C. 1　　　　　　　D. 2

74. 曲线 $\begin{cases} x = \cos t \\ y = \sin\dfrac{t}{2} \end{cases}$ 在 $t = \dfrac{\pi}{3}$ 处的法线方程是（　　）。

A. $2x - 4y + 1 = 0$　　　　　　　B. $4x - 2y - 1 = 0$
C. $2x + 4y - 3 = 0$　　　　　　　D. $4x + 2y - 3 = 0$

75. 已知 $y = y(x)$ 由方程 $\sin(xy) - \dfrac{1}{y-1} = 1$ 所确定，求 $y'\big|_{x=0}$。

专题六：函数的微分

76. 设函数 $y = f(x)$ 有 $f'(x_0) = 2$，则当 $\Delta x \to 0$ 时，该函数在 $x = x_0$ 处的微分 $dy($ $)$。

A. 与 Δx 是等价无穷小　　　　　　B. 与 Δx 是同阶无穷小但不等价
C. 是比 Δx 低阶的无穷小　　　　　D. 是比 Δx 高阶的无穷小

77. 若函数 $y = f(x)$ 在点 x_0 处可微，则下列结论中不正确的是（　　）。

A. $\lim\limits_{x \to x_0} f(x)$ 不存在　　　　　B. $y = f(x)$ 在点 x_0 处连续
C. $y = f(x)$ 在点 x_0 处可导　　　　D. $y = f(x)$ 在点 x_0 处有定义

78. 函数 $f(x) = |x|$ 在 $x = 0$ 处的微分（　　）。

A. 等于 0　　　B. 等于 $-dx$　　　C. 等于 dx　　　D. 不存在

79. 半径为 R 的金属圆片，加热后半径伸长了 ΔR，则面积 S 的微分 dS 是（　　）。

A. $\pi R dR$　　　B. $2\pi R \Delta R$　　　C. πdR　　　D. $2\pi dR$

80. 下列微分式中，正确的是（　　）。

A. $x dx = d(x^2)$　　　　　　　B. $\cos 2x dx = d(\sin 2x)$
C. $dx = -d(5 - x)$　　　　　　D. $d(x^2) = (dx)^2$

81. 下列式子中，正确的是（　　）。

A. $\dfrac{1}{\sqrt{2x}} dx = d(\sqrt{2x})$　　　　B. $\ln x dx = d\left(\dfrac{1}{x}\right)$
C. $-\dfrac{1}{x} dx = d\left(\dfrac{1}{x^2}\right)$　　　　D. $\sin x dx = d(\cos x)$

82. 若 $y = \ln\sqrt{x}$，则 $dy = ($ $)$。

A. $\dfrac{1}{\sqrt{x}} dx$　　B. $\dfrac{1}{2x}$　　C. $\dfrac{1}{2x} dx$　　D. $\dfrac{2}{\sqrt{x}} dx$

83. 设 $y = x\sin\dfrac{1}{x}$，则 $dy = (\qquad)$。

A. $\left(\sin\dfrac{1}{x} + \dfrac{1}{x}\cos\dfrac{1}{x}\right)dx$
B. $\left(\cos\dfrac{1}{x} - \dfrac{1}{x}\sin\dfrac{1}{x}\right)dx$

C. $\left(\sin\dfrac{1}{x} - \dfrac{1}{x}\cos\dfrac{1}{x}\right)dx$
D. $\left(\cos\dfrac{1}{x} + \dfrac{1}{x}\sin\dfrac{1}{x}\right)dx$

84. 设 $y = \tan^2 x$，则 $dy = (\qquad)$。

A. $2\tan x \sec^2 x\, dx$
B. $2\sin x \cos^2 x\, dx$

C. $2\sec x \tan^2 x\, dx$
D. $2\cos x \sin^2 x\, dx$

85. 设 $y = \ln(\sin^2 x)$，则 $dy = (\qquad)$。

A. $2\tan x\, dx$
B. $\tan x\, dx$
C. $2\cot x\, dx$
D. $\cot x\, dx$

86. 设 $y = x^x$，则 $dy = (\qquad)$。

A. $x^x(\ln x - 1)dx$
B. $x^x(\ln x + 1)dx$
C. $(\ln x - 1)dx$
D. $(\ln x + 1)dx$

87. 设 $f(x) = \ln|x|$，则 $df(x) = (\qquad)$。

A. $\dfrac{1}{|x|}dx$
B. $\dfrac{1}{|x|}$
C. $\dfrac{1}{x}$
D. $\dfrac{1}{x}dx$

88. 若 $xe^y - \ln y + 5 = 0$，则 $dy = (\qquad)$。

A. $\dfrac{ye^y}{xye^y - 1}dx$
B. $-\dfrac{ye^y}{xye^y - 1}dx$
C. $\dfrac{ye^y}{xye^y + 1}dx$
D. $-\dfrac{ye^y}{xye^y + 1}dx$

89. $\sqrt{1.004}$ 的近似值是（　　）。

A. 1.002
B. 1.001
C. 1.003
D. 1.004

90. $\ln(1.001)$ 的近似值是（　　）。

A. 0.001
B. 0.01
C. 1.001
D. 1.01

91. 设 $y = \arctan\dfrac{1}{x}$，则 $dy = $ _____。

92. 已知方程 $y = 1 + xe^y$，求 $dy|_{x=0}$。

四、章节检测

章节检测试卷（A 卷）

（一）判断题（每题 2 分，共 10 分，对的打√，错的打×）

1. $f'(x_0) = [f(x_0)]'$，其中 x_0 是函数 $f(x)$ 定义域内的一个点。　　（　　）

2. 如果 $f(x)$ 在点 x_0 处可导，则曲线 $y = f(x)$ 在点 $(x_0, f(x_0))$ 处切线的斜率为 $f'(x_0)$。
　　（　　）

3. 函数 $f(x)$ 在 x_0 处可导的充要条件是左、右导数都存在且相等。　　（　　）

4. 如果曲线 $y=f(x)$ 在 x_0 处存在切线,则 $f'(x_0)$ 必存在。 (   )

5. 如果 $f'(x)$ 等于常数,则其微分也是常数。 (   )

(二)单项选择题(每题 2 分,共 50 分)

1. 如果 $\lim\limits_{h\to 0}\dfrac{f(x_0+2h)-f(x_0)}{h}=4$,则 $f'(x_0)=(\ \ )$。

A. 3　　　　　　B. 2　　　　　　C. $\dfrac{1}{2}$　　　　　　D. $\dfrac{1}{3}$

2. 设 $f(x)$ 可导,则 $\lim\limits_{\Delta x\to 0}\dfrac{f^2(x+\Delta x)-f^2(x)}{\Delta x}=(\ \ )$。

A. 0　　　　　　B. $2f(x)$　　　　C. $2f'(x)$　　　　D. $2f(x)f'(x)$

3. 设 $f(x)=\begin{cases}\dfrac{2}{3}x^3,&x\leqslant 1\\ x^2,&x>1\end{cases}$,则 $f(x)$ 在 $x=1$ 处(   )。

A. 左、右导数都存在　　　　　　　B. 左导数存在,但右导数不存在
C. 右导数存在,但左导数不存在　　D. 左、右导数都不存在

4. 设 $f(x)=(x-a)\varphi(x)$,其中 $\varphi(x)$ 在 $x=a$ 处连续,则(   )。

A. $f'(x)=\varphi(x)$　　　　　　　　B. $f'(a)=\varphi(a)$
C. $f'(a)=\varphi'(a)$　　　　　　　D. $f'(x)=\varphi(x)+(x-a)\varphi'(x)$

5. 直线 $y=x$ 是曲线 $y=a+\ln x$ 的一条切线,则实数 $a=(\ \ )$。

A. -1　　　　　B. e　　　　　C. $\ln 2$　　　　D. 1

6. 曲线 $y=\cos x$ 上点 $\left(\dfrac{\pi}{3},\dfrac{1}{2}\right)$ 处的法线斜率是(   )。

A. $\dfrac{1}{2}$　　　　　B. 2　　　　　C. $\dfrac{2}{\sqrt{3}}$　　　　D. $-\dfrac{2}{\sqrt{3}}$

7. 函数 $f(x)$ 的图像如下图所示,下列结论正确的是(   )。

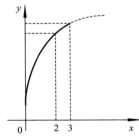

A. $0<f'(2)<f'(3)<f(3)-f(2)$　　B. $0<f'(3)<f(3)-f(2)<f'(2)$
C. $0<f'(3)<f'(2)<f(3)-f(2)$　　D. $0<f(3)-f(2)<f'(2)<f'(3)$

8. 函数 $f(x)=|x|$ 在点 $x=0$ 处(   )。

A. 可导　　　　B. 连续　　　　C. 不连续　　　　D. 极限不存在

9. 函数 $f(x)$ 在 $x=0$ 处连续是 $f(x)$ 在 $x=0$ 处可导的(   )。

A. 充分条件　　B. 必要条件　　C. 充要条件　　D. 无关条件

10. 下列函数中,在点 $x=0$ 处导数等于零的是(   )。

A. $y=x(1-x)$　　　　　　　　B. $y=2\sin x+e^{-2x}$
C. $y=\cos x-\arctan x$　　　　D. $y=\ln(1+x)$

11. 下列函数中,在点 $x=0$ 处不可导的是( )。

A. $y=\sqrt[3]{x}$ B. $y=\tan x$ C. $y=\arccos x$ D. $y=2^x$

12. 设 $f(x)=(x-a)(x-b)(x-c)(x-d)$, $f'(x_0)=(a-b)(a-c)(a-d)$, 则( )。

A. $x_0=a$ B. $x_0=b$ C. $x_0=c$ D. $x_0=d$

13. 设 $y=x+\ln x$, 则 $\dfrac{dx}{dy}=$( )。

A. $\dfrac{x+1}{x}$ B. $\dfrac{x}{x+1}$ C. $-\dfrac{x+1}{x}$ D. $-\dfrac{x}{x+1}$

14. 设 $y=4x-\dfrac{1}{x}$ (其中 $x>0$), 则其反函数 $x=\varphi(y)$ 在 $y=0$ 处的导数是( )。

A. $\dfrac{1}{8}$ B. $\dfrac{1}{4}$ C. $-\dfrac{1}{4}$ D. $\dfrac{1}{2}$

15. 设 $a>0$, $f(x)=\ln(1+a^{-2x})$, 则 $f'(0)=$( )。

A. $-\ln a$ B. $\ln a$ C. $\dfrac{1}{2}\ln a$ D. $\dfrac{1}{2}$

16. 设 $y=e^x+x^n$, 则 $y^{(n)}=$( )。

A. e^x B. e^x+nx^{n-1} C. $(e^x)^n$ D. $e^x+n!$

17. 设 $y=\dfrac{1}{1-x}$, 则 $y^{(n)}=$( )。

A. $\dfrac{1}{(1-x)^n}$ B. $(-1)^n \cdot \dfrac{1}{(1-x)^n}$

C. $\dfrac{n!}{(1-x)^{n+1}}$ D. $(-1)^n \cdot \dfrac{n!}{(1-x)^{n+1}}$

18. 设 $\sqrt{x}+\sqrt{y}=\sqrt{a}$, 则 $\dfrac{dy}{dx}=$( )。

A. $\sqrt{\dfrac{y}{x}}$ B. $-\sqrt{\dfrac{y}{x}}$ C. $\sqrt{\dfrac{x}{y}}$ D. $-\sqrt{\dfrac{x}{y}}$

19. 设 $y-xe^y=\ln 2$, 则 $y'=$( )。

A. $\dfrac{1}{2}$ B. $\dfrac{e^y}{1-xe^y}$ C. $(1+y)e^y$ D. $\dfrac{1-xe^y}{e^y}$

20. 摆线 $\begin{cases} x=t-\sin t \\ y=1-\cos t \end{cases}$ 上对应于 $t=\dfrac{\pi}{2}$ 的点的切线斜率是( )。

A. -1 B. 1 C. $\dfrac{\pi}{2}-1$ D. 0

21. 设 $f(x)=\arcsin x^2$, 则 $d\left[f\left(\dfrac{1}{2}\right)\right]=$( )。

A. $\dfrac{4}{\sqrt{15}}dx$ B. $\dfrac{2}{\sqrt{15}}dx$ C. dx D. 0

22. 函数 $f(x)=x^2$ 在 x_0 处有增量 $\Delta x=0.2$, 对应函数增量的线性主部是 1.2, 则 $x_0=$( )。

A. 3 B. -3 C. 0.3 D. -0.3

23. 设 $f'(x_0)=\dfrac{1}{2}$, 则当 $\Delta x \to 0$ 时, $dy|_{x=x_0}$ 与 Δx 相比是( )。

A. 等价无穷小   B. 同阶无穷小   C. 低阶无穷小   D. 高阶无穷小

24. 函数 $f(x)$ 在 x_0 处可微的充分必要条件是( )。
A. $f(x)$ 在 x_0 处连续　　　　　　B. $f(x)$ 在 x_0 处可导
C. $f(x)$ 在 x_0 处有定义　　　　　D. $f(x)$ 在 x_0 处有极限

25. 设函数 $f(x)$ 可微，则当 $\Delta x \to 0$ 时，$\Delta y - \mathrm{d}y$ 与 Δx 相比是( )。
A. 等价无穷小　　B. 同阶无穷小　　C. 低阶无穷小　　D. 高阶无穷小

（三）计算题（每题 5 分，共 30 分）

1. 已知 $y = \arctan \dfrac{1}{x}$，求 $y'\big|_{x=-1}$。

2. 求函数 $y = \mathrm{e}^{-x} \sin x$ 的二阶导数。

3. 已知参数方程 $\begin{cases} x = \dfrac{t}{1+t} \\ y = \dfrac{1-t}{1+t} \end{cases}$，求 $\dfrac{\mathrm{d}y}{\mathrm{d}x}$。

4. 已知 $y = \left(1 + \dfrac{1}{x}\right)^x$，求 $y'\big|_{x=\frac{1}{2}}$。

5. 已知 $\cos(xy) = x$,求 $\dfrac{dy}{dx}$。

6. 求 $\sin 33°$ 的近似值。

(四)证明题(10 分)

证明函数 $f(x) = \begin{cases} \dfrac{\sqrt{1+x^2}-1}{\sqrt{x^2}}, & x \neq 0 \\ 0, & x = 0 \end{cases}$ 在 $x = 0$ 处连续,但不可导。

章节检测试卷(B 卷)

(一)单项选择题(每题 2 分,共 20 分)

1. 一质点做直线运动,它经过的路程和时间的关系是 $s(t) = 2t^3 + t$,则 $t = 1$ 时的瞬时速度为( )。
   A. 3 B. 5 C. 7 D. 9

2. 设 $f(x)$ 为可导函数,且 $\lim\limits_{\Delta x \to 0} \dfrac{f(x_0 + \Delta x) - f(x_0)}{2\Delta x} = 1$,则 $f'(x_0) = ($)。
   A. 1 B. 0 C. 2 D. $\dfrac{1}{2}$

3. 曲线 $y = x^2 - x + 2$ 在点 $(1, 2)$ 处的切线斜率为( )。
   A. 2 B. 0 C. -1 D. 1

4. 曲线 $y = 2 + \ln x$ 在 $x = e$ 处的法线斜率为( )。
   A. e B. $-e$ C. e^{-1} D. e^{-1}

5. 下列函数中,在 $x = 2$ 处不可导的连续函数是( )。
   A. $y = |x - 1|$ B. $y = (x-2)^{\frac{1}{5}}$ C. $y = e^x$ D. $y = \ln(x + 2)$

6. 下列函数中,在 $x=0$ 处可导的函数是( )。

A. $f(x)=|x|$　　B. $f(x)=\sqrt[3]{x}$

C. $f(x)=\dfrac{1}{x}$　　D. $f(x)=\begin{cases} x^2\sin\dfrac{1}{x}, & x\neq 0 \\ 0, & x=0 \end{cases}$

7. 函数 $f(x)=\begin{cases} x\arctan\dfrac{1}{x}, & x\neq 0, \\ 0, & x=0, \end{cases}$ 则 $f(x)$ 在 $x=0$ 处( )。

A. 不连续　　B. 连续但不可导

C. 可导但导数不连续　　D. 可导且导数连续

8. 设 $f(x)=\ln\cos x$,则 $f'(x)=$( )。

A. $\sec x$　　B. $-\sec x$　　C. $\tan x$　　D. $-\tan x$

9. 设 $y=y(x)$ 是由方程 $y^5+2y-x-3x^7=0$ 确定的隐函数,则 $\dfrac{dy}{dx}\Big|_{x=0}=$( )。

A. 2　　B. 0　　C. $\dfrac{1}{2}$　　D. 1

10. 设 $y=e^{-\frac{1}{x}}$,则 $dy=$( )。

A. $e^{-\frac{1}{x}}dx$　　B. $-e^{-\frac{1}{x}}dx$　　C. $-\dfrac{1}{x^2}e^{-\frac{1}{x}}dx$　　D. $\dfrac{1}{x^2}e^{-\frac{1}{x}}dx$

(二)填空题(每题 2 分,共 30 分)

11. 函数 $f(x)$ 在点 x_0 处可微是函数 $f(x)$ 在 x_0 可导的_____条件。

12. 曲线 $y=x^2+1$ 在点 $(1,2)$ 处的切线方程为_____。

13. 函数 $y=e^x$ 在 $(0,1)$ 点的法线方程为_____。

14. 已知 $y=\ln x+e^x+x^2+\arcsin x$,则 $y'=$_____。

15. 设 $y=(x+1)(x+2)^2(x+3)$,则 $y'(-1)=$_____。

16. 设 $f(x)=\dfrac{e^x}{1+e^x}$,则 $f'(0)=$_____。

17. 设 $f(x)=x^2\ln x$,则 $f''(1)=$_____。

18. 设 $\begin{cases} x=\sin t \\ y=\cos 2t \end{cases}$,则 $\dfrac{dy}{dx}\Big|_{t=\frac{\pi}{4}}=$_____。

19. 已知 $\dfrac{d}{dx}\left[f\left(\dfrac{1}{x}\right)\right]=\dfrac{1}{x}$,则 $f'\left(\dfrac{1}{2}\right)=$_____。

20. 若 $f(x)$ 在点 x_0 可导,则 $\lim\limits_{\Delta x\to 0}\dfrac{\Delta y-dy}{\Delta x}=$_____。

21. 设 $f(x^2)=x^4+x^2+2$,则 $f'(1)=$_____。

22. d_____$=\sqrt{x}\,dx$。

23. 已知 $f(x)=\sin\left(\dfrac{3\pi}{2}+x\right)$,则 $f^{(2014)}(x)=$_____。

24. 设 $\lim\limits_{h\to 0}\dfrac{f(x_0+kh)-f(x_0)}{h}=\dfrac{1}{3}f'(x_0)$,则 $k=$_____。

25. 设 $f(x)=x^x$,则 $f'(1)=$_____。

(三)解答题(每题 8 分,共 40 分)

26. 求 a,b 的值,使函数 $f(x)=\begin{cases} x^2+2x+3, & x\leq 0 \\ ax+b, & x>0 \end{cases}$ 在 $(-\infty,+\infty)$ 上可导。

27. 设 $y=f(x)$ 是由方程 $x^3+y^3-\sin 3x+6y=0$ 所确定的隐函数,求 $\mathrm{d}y|_{x=0}$。

28. 已知 $y=\sin^2 x-\cos x^2$,求 $y'(0)$。

29. 求函数 $y=\ln(x+\sqrt{x^2+1})$ 的微分。

30. 已知 $\begin{cases} x=\ln(1+t^2) \\ y=t-\arctan t \end{cases}$,求 $\dfrac{\mathrm{d}y}{\mathrm{d}x}$。

(四)证明题(10 分)

31. 证明:可导的偶函数的导数是奇函数,可导的奇函数的导数是偶函数。

五、答案解析

同步练习参考答案

专题一答案　1—5:BBBBA　　6—10:DBBAD　　11—15:CBBAB　　16:C

17. 解:$f'_-(0) = \lim\limits_{x \to 0^-} \dfrac{2\sin x - 0}{x - 0} = 2 \lim\limits_{x \to 0^-} \dfrac{\sin x}{x} = 2$,

$f'_+(0) = \lim\limits_{x \to 0^+} \dfrac{2\sin x - 0}{x - 0} = 2 \lim\limits_{x \to 0^+} \dfrac{\sin x}{x} = 2$,

$\Rightarrow f'(0) = 2$

18. 解:$\lim\limits_{x \to 0^-} f(x) = \lim\limits_{x \to 0^-} (-\tan x) = 0$, $\lim\limits_{x \to 0^+} f(x) = \lim\limits_{x \to 0^+} \tan x = 0$,

$\Rightarrow \lim\limits_{x \to 0} f(x) = 0 = f(0)$,

故函数 $f(x)$ 在 $x = 0$ 处连续。

$f'_-(0) = \lim\limits_{x \to 0^-} \dfrac{f(x) - f(0)}{x - 0} = \lim\limits_{x \to 0^-} \dfrac{-\tan x}{x} = -1$,

$f'_+(0) = \lim\limits_{x \to 0^+} \dfrac{f(x) - f(0)}{x - 0} = \lim\limits_{x \to 0^+} \dfrac{\tan x}{x} = 1$,

$\Rightarrow f'_-(0) \neq f'_+(0)$,

故函数 $f(x)$ 在 $x = 0$ 处不可导。

专题二答案　19—20:BD　　21—25:CCDBA　　26—28:BBA

专题三答案　29—30:CD　　31—35:DBDDC　　36—40:ACBBC　　41—45:BCDAD
　　　　　　46—50:AABBC　　51—54:ADBD

55. 解:$f'(x) = \dfrac{1}{2\sqrt{\tan \dfrac{x}{2}}} \cdot \sec^2 \dfrac{x}{2} \cdot \dfrac{1}{2} = \dfrac{1}{4} \dfrac{1}{\sqrt{\tan \dfrac{x}{2}}} \cdot \sec^2 \dfrac{x}{2}$

$\Rightarrow f'\left(\dfrac{\pi}{2}\right) = \dfrac{1}{4} \dfrac{1}{\sqrt{\tan \dfrac{\pi}{4}}} \cdot \sec^2 \dfrac{\pi}{4} = \dfrac{1}{2}$。

专题四答案　56—60:BCBDC　　61—65:BACDC

专题五答案　66—70:CCDAB　　71—74:BDAB

75. 解:将 $x = 0$ 代入方程有 $y = 0$,两边同时对 x 求导有

$\cos(xy)[y + xy'] - \left[-\dfrac{1}{(y-1)^2}\right] y' = 0 \Rightarrow y' = \dfrac{-y\cos(xy)}{x\cos(xy) + \dfrac{1}{(y-1)^2}}$,

$x=0$, $y=0$ 代入 y' 中有 $y'|_{x=0}=0$。

专题六答案   76—80：BADBC   81—85：ACCAC   86—90：BDBAA

91. 解：$y'=\dfrac{1}{1+\left(\dfrac{1}{x}\right)^2}\cdot\left(\dfrac{1}{x}\right)'=\dfrac{x^2}{x^2+1}\cdot\dfrac{-1}{x^2}=-\dfrac{1}{x^2+1}\Rightarrow dy=y'dx=-\dfrac{1}{x^2+1}dx$。

92. 解：将 $x=0$ 代入方程有 $y=1$，两边同时对 x 求导有 $y'=e^y+xe^yy'$，从而有 $y'=\dfrac{e^y}{1-xe^y}$，将 $x=0$，$y=1$ 代入有 $y'=e$，故 $dy|_{x=0}=y'|_{x=0}dx=edx$。

章节检测试卷（A 卷）参考答案

（一）判断题

1. ×   2. ✓   3. ✓   4. ×   5. ×

（二）单项选择题

1—5：BDBBD   6—10：CBBBB   11—15：AABAA
16—20：DCBBB   21—25：DABBD

（三）计算题

1. 解：$y'=-\dfrac{1}{1+x^2}$，$y'\big|_{x=-1}=-\dfrac{1}{2}$。

2. 解：$y'=e^{-x}(\cos x-\sin x)$，$y''=-2e^{-x}\cos x$。

3. 解：$\dfrac{dy}{dt}=-\dfrac{2}{(1+t)^2}$，$\dfrac{dx}{dt}=\dfrac{1}{(1+t)^2}$，$\dfrac{dy}{dx}=-2$。

4. 解：$y'=\left(1+\dfrac{1}{x}\right)^x\left[\ln\left(1+\dfrac{1}{x}\right)-\dfrac{1}{x+1}\right]$，$y'\big|_{x=\frac{1}{2}}=\sqrt{3}\left(\ln 3-\dfrac{2}{3}\right)$。

5. 解：$-\sin(xy)[y+xy']=1$，$\dfrac{dy}{dx}=-\dfrac{1}{x}\left[\dfrac{1}{\sin(xy)}+y\right]$。

6. 解：$\sin 33°\approx\sin 30°+(\sin x)'\big|_{x=30°}\cdot\dfrac{\pi}{60}=\dfrac{1}{2}+\dfrac{\sqrt{3}\pi}{120}\approx 0.54$。

（四）证明题

证明：$f(0)=0$；由于 $\sqrt{1+x^2}-1\sim\dfrac{1}{2}x^2$，

$\lim\limits_{x\to 0}f(x)=\lim\limits_{x\to 0}\dfrac{\sqrt{1+x^2}-1}{\sqrt{x^2}}=\dfrac{1}{2}\lim\limits_{x\to 0}\sqrt{x^2}=0$；

$\lim\limits_{x\to 0}f(x)=f(0)$，

故 $f(x)$ 在 $x=0$ 处连续。

$$\lim\limits_{x\to 0}\dfrac{f(x)-f(0)}{x}=\lim\limits_{x\to 0}\dfrac{\sqrt{1+x^2}-1}{x\sqrt{x^2}}=\dfrac{1}{2}\lim\limits_{x\to 0}\dfrac{|x|}{x}。$$

$$\lim\limits_{x\to 0^-}\dfrac{f(x)-f(0)}{x}=\dfrac{1}{2}\lim\limits_{x\to 0}\dfrac{-x}{x}=-\dfrac{1}{2},$$

$$\lim\limits_{x\to 0^+}\dfrac{f(x)-f(0)}{x}=\dfrac{1}{2}\lim\limits_{x\to 0}\dfrac{x}{x}=\dfrac{1}{2},$$

$$\lim\limits_{x\to 0}\dfrac{f(x)-f(0)}{x}\text{不存在}，$$

故 $f(x)$ 在 $x=0$ 处不可导。

章节检测试卷(B 卷)参考答案

(一)单项选择题

1—5:CCDBB   6—10:DBDCD

(二)填空题

11. 充要   12. $y=2x$ 13. $x+y-1=0$ 14. $\frac{1}{x}+e^x+2x+\frac{1}{\sqrt{1-x^2}}$

15. 2   16. $\frac{1}{4}$ 17. 3   18. $-2\sqrt{2}$ 19. -2 20. 0

21. 3   22. $\frac{2}{3}\sqrt{x^3}+C$ 23. $\cos x$ 24. $\frac{1}{3}$ 25. 1

(三)解答题

26. 解:可导必连续,因函数在 $x=0$ 处连续,得 $\lim\limits_{x\to 0^-}(x^2+2x+3)=\lim\limits_{x\to 0^+}(ax+b)$

即 $b=3$;又因为函数在 $x=0$ 处可导,从而 $(x^2+2x+3)'|_{x=0}=(ax+b)'|_{x=0}$,即 $a=2$。

27. 解:方程两边同时对自变量 x 求导有

$3x^2+3y^2y'-3\cos 3x+6y'=0$

$\Rightarrow y'=\frac{3\cos 3x-3x^2}{3y^2+6}=\frac{\cos 3x-x^2}{y^2+2}$

当 $x=0$ 时,代入方程 $x^3+y^3-\sin 3x+6y=0$ 有 $y=0$,从而 $y'(0)=\frac{1}{2}$,因此

$dy|_{x=0}=y'(0)dx=\frac{1}{2}dx$。

28. 解:$y'=2\sin x\cdot\cos x+2x\cdot\sin x^2 \Rightarrow y'(0)=0$。

29. 解:$y'=\frac{1}{x+\sqrt{x^2+1}}\cdot(x+\sqrt{x^2+1})'=\frac{1}{x+\sqrt{x^2+1}}\cdot[1+(\sqrt{x^2+1})']$

$=\frac{1}{x+\sqrt{x^2+1}}\cdot\left[1+\frac{1}{2\sqrt{x^2+1}}\cdot(x^2+1)'\right]$

$=\frac{1}{x+\sqrt{x^2+1}}\cdot\left(1+\frac{x}{\sqrt{x^2+1}}\right)=\frac{1}{\sqrt{x^2+1}}$。

30. 解:$\frac{dy}{dx}=\frac{\frac{dy}{dt}}{\frac{dx}{dt}}=\frac{(t-\arctan t)'}{[\ln(1+t^2)]'}=\frac{1-\frac{1}{1+t^2}}{\frac{1}{1+t^2}\cdot 2t}=\frac{t}{2}$。

(四)证明题

31. 证明:设 $f(x)$ 为偶函数,则 $f(-x)=f(x)$,两边同时对 x 求导,有

$-f'(-x)=f'(x)\Rightarrow f'(-x)=-f'(x)$,

即 $f(x)$ 的导函数为奇函数。

同理可证,可导的奇函数的导数是偶函数。

第四章 微分中值定理与导数的应用

一个人的能力有限,不可能把脑袋分两个地方同时做事,学问真的要做得好的话,要朝思暮想。

——丘成桐

丘成桐,原籍广东省蕉岭县,1949年出生于广东汕头,同年随父母移居香港,美籍华人,国际知名数学家,美国国家科学院院士、美国艺术与科学院院士、中国科学院外籍院士。现任香港中文大学博文讲座教授兼数学科学研究所所长、哈佛大学 William Casper Graustein 讲座教授、清华大学丘成桐数学科学中心主任、北京雁栖湖应用数学研究院院长。

丘成桐囊括了维布伦几何奖、菲尔兹奖、麦克阿瑟奖、克拉福德奖、美国国家科学奖、沃尔夫数学奖、马塞尔·格罗斯曼奖等奖项. 他是第一位获得国际数学界最高奖项菲尔兹奖的华人,也是继陈省身后第二位获得沃尔夫数学奖的华人。丘成桐证明了卡拉比猜想、正质量猜想等,是几何分析学科的奠基人,以他的名字命名的卡拉比-丘流形,是物理学中弦理论的基本概念,对微分几何和数学物理的发展做出了重要贡献。

一、基本要求

1. 理解微分中值定理,即罗尔定理、拉格朗日中值定理、柯西中值定理。
2. 掌握洛必达法则,会利用此法则求 $\dfrac{0}{0}$、$\dfrac{\infty}{\infty}$、$0 \cdot \infty$、$\infty - \infty$、0^0、∞^0、1^∞ 型未定式的极限。
3. 会利用导数判别函数的单调性及求函数的单调区间。
4. 理解函数极值的概念;理解极值存在的必要条件与充分条件;掌握求函数极值的方法;掌握函数最值的求法及其简单应用。
5. 理解曲线的凹凸性和拐点的概念,掌握曲线的凹凸区间和拐点的求法。
6. 掌握曲线的水平渐近线与垂直渐近线的求法,了解曲线斜渐近线的求法。
7. 掌握简单函数图形的描绘。

二、内容概要

(一)微分中值定理

1. 罗尔定理

如果函数 $f(x)$ 满足:
(1)在闭区间 $[a,b]$ 上连续;
(2)在开区间 (a,b) 内可导;
(3)在区间端点处的函数值相等,即 $f(a)=f(b)$,
那么在 (a,b) 内至少有一点 ξ,使得 $f'(\xi)=0$。

2. 拉格朗日中值定理

如果函数 $f(x)$ 满足:

(1)在闭区间$[a,b]$上连续；
(2)在开区间(a,b)内可导，

那么在(a,b)内至少有一点ξ,使得
$$f(b)-f(a)=f'(\xi)(b-a)。$$

推论 如果函数$f(x)$在区间I上的导数恒为零，那么$f(x)$在区间I上是一个常数。

3. 柯西中值定理

如果函数$f(x)$及$F(x)$满足：
(1)在闭区间$[a,b]$上连续；
(2)在开区间(a,b)内可导；
(3)对任一$x\in(a,b),F'(x)\neq 0,$

那么在(a,b)内至少有一点ξ,使得
$$\frac{f(b)-f(a)}{F(b)-F(a)}=\frac{f'(\xi)}{F'(\xi)}。$$

（二）洛必达法则

定理1 如果$f(x)$和$g(x)$满足：
(1)$\lim\limits_{x\to x_0}f(x)=0,\lim\limits_{x\to x_0}g(x)=0$;
(2)$f(x)$与$g(x)$在点x_0的某去心邻域内可导，且$g'(x)\neq 0$;
(3)$\lim\limits_{x\to x_0}\dfrac{f'(x)}{g'(x)}$存在（或为$\infty$），

那么
$$\lim_{x\to x_0}\frac{f(x)}{g(x)}=\lim_{x\to x_0}\frac{f'(x)}{g'(x)}。$$

定理2 如果$f(x)$和$g(x)$满足：
(1)$\lim\limits_{x\to x_0}f(x)=\infty,\lim\limits_{x\to x_0}g(x)=\infty$;
(2)$f(x)$与$g(x)$在点x_0的某去心邻域内可导，且$g'(x)\neq 0$;
(3)$\lim\limits_{x\to x_0}\dfrac{f'(x)}{g'(x)}$存在（或为$\infty$），

那么
$$\lim_{x\to x_0}\frac{f(x)}{g(x)}=\lim_{x\to x_0}\frac{f'(x)}{g'(x)}。$$

未定式	转化	转化过程
$0\cdot\infty$ 通过取倒数转化为	$\dfrac{0}{0}$	$\lim f(x)=0,\lim g(x)=\infty$,则 $\lim f(x)g(x)=\lim\dfrac{f(x)}{\dfrac{1}{g(x)}}$
	$\dfrac{\infty}{\infty}$	$\lim f(x)=0,\lim g(x)=\infty$,则 $\lim f(x)g(x)=\lim\dfrac{g(x)}{\dfrac{1}{f(x)}}$
$\infty-\infty$ 通过通分转化为	$\dfrac{0}{0}$	$\lim f(x)=0,\lim g(x)=0$,则 $\lim\left[\dfrac{1}{f(x)}-\dfrac{1}{g(x)}\right]=\lim\dfrac{g(x)-f(x)}{f(x)g(x)}$

续表

未定式	转化	转化过程
0^0	$0 \cdot \infty$	$\lim f(x)=0, \lim g(x)=0$,则 $\lim f(x)^{g(x)}=e^{\lim g(x)\ln f(x)}$
∞^0	$0 \cdot \infty$	$\lim f(x)=\infty, \lim g(x)=0$,则 $\lim f(x)^{g(x)}=e^{\lim g(x)\ln f(x)}$
1^∞	$0 \cdot \infty$	$\lim f(x)=1, \lim g(x)=\infty$,则 $\lim f(x)^{g(x)}=e^{\lim g(x)\ln f(x)}$

(三)函数单调性的判别法

设函数 $f(x)$ 在 $[a,b]$ 上连续,在 (a,b) 内可导,则有:

(1)如果在 (a,b) 内 $f'(x)>0$,那么函数 $f(x)$ 在 $[a,b]$ 上单调增加;

(2)如果在 (a,b) 内 $f'(x)<0$,那么函数 $f(x)$ 在 $[a,b]$ 上单调减少。

(四)函数的极值与最值

1. 极值的概念

设函数 $f(x)$ 在点 x_0 的某邻域内有定义,如果对于该邻域内的任一 $x \neq x_0$,有 $f(x) < f(x_0)$(或 $f(x) > f(x_0)$),则称 $f(x_0)$ 是函数 $f(x)$ 的一个极大值(或极小值),称点 x_0 为极大值点(或极小值点)。

极大值、极小值统称为极值,极大值点、极小值点统称为极值点。

2. 极值存在的必要条件

设函数 $f(x)$ 在点 x_0 处可导,且在 x_0 处取得极值,那么 $f'(x_0)=0$。

可导函数的极值点必为驻点,一般函数在驻点或不可导点取得极值。

3. 极值存在的充分条件

定理 3(极值存在的第一充分条件) 设函数 $f(x)$ 在 x_0 处连续,且在 x_0 的某去心邻域内可导。当 $x(x \neq x_0)$ 由小增大经过 x_0 时,如果

(1) $f'(x)$ 由正变负,则 x_0 是极大值点;

(2) $f'(x)$ 由负变正,则 x_0 是极小值点;

(3) $f'(x)$ 不变号,则 x_0 不是极值点。

定理 4(极值存在的第二充分条件) 设函数 $f(x)$ 在 x_0 处具有二阶导数且 $f'(x_0)=0$, $f''(x_0) \neq 0$。

(1)如果 $f''(x_0)<0$,函数 $f(x)$ 在 x_0 处取得极大值;

(2)如果 $f''(x_0)>0$,函数 $f(x)$ 在 x_0 处取得极小值。

4. 函数极值的计算步骤

求函数 $f(x)$ 极值的一般步骤如下:

(1)求函数 $f(x)$ 的定义域;

(2)求出导数 $f'(x)$,找出函数 $f(x)$ 的驻点和不可导点;

(3)利用极值存在的充分条件判断驻点和不可导点是否为极值点,并确定是极大值点还是极小值点;

(4)求出各极值点的函数值,得到 $f(x)$ 的全部极值。

5. 函数的最大值和最小值

求 $f(x)$ 在 $[a,b]$ 上的最大值和最小值,一般步骤如下:

(1) 求出 $f(x)$ 在 (a,b) 内的驻点及不可导点 $x_1,x_2,\cdots,x_n$;

(2) 计算 $f(x_1),f(x_2),\cdots,f(x_n)$ 及 $f(a),f(b)$;

(3) 比较(2)中各值的大小,最大的就是最大值,最小的就是最小值。

(五) 曲线的凹凸性与拐点

1. 曲线凹凸性的定义

设 $f(x)$ 在区间 I 上连续,如果对 I 上任意两点 x_1,x_2,恒有

$$f\left(\frac{x_1+x_2}{2}\right) < \frac{f(x_1)+f(x_2)}{2},$$

那么称 $f(x)$ 在 I 上的图形是凹的(或凹弧);如果恒有

$$f\left(\frac{x_1+x_2}{2}\right) > \frac{f(x_1)+f(x_2)}{2},$$

那么称 $f(x)$ 在 I 上的图形是凸的(或凸弧)。

2. 曲线凹凸性的判别法

设函数 $f(x)$ 在 $[a,b]$ 上连续,在 (a,b) 内具有二阶导数,那么

(1) 若在 (a,b) 内 $f''(x)>0$,则 $f(x)$ 在 $[a,b]$ 上的图形是凹的;

(2) 若在 (a,b) 内 $f''(x)<0$,则 $f(x)$ 在 $[a,b]$ 上的图形是凸的。

3. 拐点

连续曲线 $y=f(x)$ 上凹弧与凸弧的分界点称为该曲线的拐点。

确定曲线 $f(x)$ 的拐点的一般步骤如下:

(1) 求 $f''(x)$;

(2) 求 $f''(x)=0$ 及 $f''(x)$ 不存在的点;

(3) 对于(2)中的每一个点 x_0,检查 $f''(x)$ 在 x_0 左右两侧邻近的符号。当两侧的符号相反时,点 $(x_0,f(x_0))$ 是拐点;当两侧的符号相同时,点 $(x_0,f(x_0))$ 不是拐点。

(六) 函数图形

1. 渐近线

水平渐近线:如果 $\lim\limits_{x\to+\infty}f(x)=b$,或 $\lim\limits_{x\to-\infty}f(x)=b$,或 $\lim\limits_{x\to\infty}f(x)=b$,则称直线 $y=b$ 为曲线 $y=f(x)$ 的水平渐近线。

垂直渐近线:如果 $\lim\limits_{x\to x_0^+}f(x)=\infty$,或 $\lim\limits_{x\to x_0^-}f(x)=\infty$,或 $\lim\limits_{x\to x_0}f(x)=\infty$,则称直线 $x=x_0$ 为曲线 $y=f(x)$ 的垂直渐近线。

斜渐近线:如果 $\lim\limits_{x\to+\infty}[f(x)-ax-b]=0$,则称直线 $y=ax+b$ 为曲线 $y=f(x)$ 的斜渐近线。类似地,可以定义 $x\to-\infty$ 时的斜渐近线。

2. 描绘函数图形的一般步骤

(1) 确定函数的定义域,讨论函数的一些基本性质;

(2) 计算函数的一阶、二阶导数,并求出一阶、二阶导数为零和一阶、二阶导数不存在的点;

（3）用以上各点把函数的定义域划分成若干个部分区间,确定在这些部分区间内一阶、二阶导数的符号,并由此确定函数图形的升降、凹凸以及极值点、拐点;

（4）确定函数图形的水平、垂直、斜渐近线;

（5）计算上述各点的函数值,定出图形上相应的点。为了把图形描绘得准确些,有时还需要补充一些点,然后连接这些点逐段绘出函数的图形。

三、同步练习

专题一:微分中值定理

1. 下列函数在 $[-1,1]$ 上满足罗尔定理条件的是(　　)。
   A. $y=x+1$　　　　B. $y=|x|$　　　　C. $y=x^3$　　　　D. $y=1-x^2$

2. 函数 $y=x\sqrt{3-x}$ 在 $[0,3]$ 上满足罗尔定理的 $\xi=($ 　　)。
   A. 0　　　　B. 3　　　　C. $\frac{3}{2}$　　　　D. 2

3. 若实系数方程 $a_4x^4+a_3x^3+a_2x^2+a_1x+a_0=0$ 有四个实根,则方程 $4a_4x^3+3a_3x^2+2a_2x+a_1=0$ 的实根个数为(　　)。
   A. 1　　　　B. 2　　　　C. 3　　　　D. 0

4. 下列函数在给定区间上不满足拉格朗日定理的是(　　)。
   A. $y=|x|,[-1,2]$　　　　B. $y=4x^3-5x^2+x-1,[0,1]$
   C. $y=\ln(1+x^2),[0,3]$　　　　D. $y=\dfrac{2x}{1+x^2},[-1,1]$

5. 设函数 $f(x)$ 在区间 I 上的导数恒为 0,则 $f(x)$ 在区间 I 上(　　)。
   A. 恒为 0　　　　B. 恒不为 0
   C. 是一个常数　　　　D. 以上说法均不正确

6. 函数 $y=x^3+2x$ 在 $[0,1]$ 上满足拉格朗日中值定理的条件,则结论中的 $\xi=($ 　　)。
   A. $\pm\dfrac{1}{\sqrt{3}}$　　　　B. $\dfrac{1}{\sqrt{3}}$　　　　C. $\pm\sqrt{3}$　　　　D. $\sqrt{3}$

7. 验证罗尔定理对函数 $f(x)=\ln\sin x$ 在区间 $\left[\dfrac{\pi}{6},\dfrac{5\pi}{6}\right]$ 上的正确性。

8. 验证拉格朗日中值定理对函数 $f(x)=2^x$ 在区间 $[0,1]$ 上的正确性。

9. 验证柯西中值定理对函数 $f(x)=1-\cos x$ 和 $g(x)=\sin^2 x$ 在区间 $\left[0,\dfrac{\pi}{2}\right]$ 上的正确性。

10. 证明恒等式：当 $x>0$ 时，$\arctan x+\arctan\dfrac{1}{x}=\dfrac{\pi}{2}$。

11. 设 $b>a>0$，证明不等式：$\dfrac{\ln b-\ln a}{b-a}>\dfrac{2a}{a^2+b^2}$。

专题二：洛必达法则

12. 极限 $\lim\limits_{x\to\frac{\pi}{2}}\dfrac{\ln\left(x-\dfrac{\pi}{2}\right)}{\tan x}=(\quad)$。

   A. 1   B. -1 C. 0   D. ∞

13. 极限 $\lim\limits_{x\to 0}\dfrac{x^3}{x-\sin x}=(\quad)$。

   A. 6   B. -6 C. 0   D. 1

14. 极限 $\lim\limits_{x\to 0}\left(\dfrac{1}{\sin x}-\dfrac{1}{x}\right)=(\quad)$。

   A. -2 B. -1 C. 0   D. ∞

15. 极限 $\lim\limits_{x\to 0}x^{\sin x}=(\quad)$。

   A. 0   B. 1   C. e   D. ∞

16. 极限 $\lim\limits_{x\to 0}\left(\dfrac{1}{x}\right)^{\tan x}=(\quad)$。

   A. 0   B. 1   C. e   D. e^{-1}

17. 极限 $\lim\limits_{x\to+\infty} x\left(1-e^{\frac{1}{x}}\right)=($ ）。

A. -2 B. -1 C. 0 D. ∞

18. 极限 $\lim\limits_{x\to e}\dfrac{\ln x-1}{x-e}=($ ）。

A. 1 B. e^{-1} C. e D. 0

19. 设 $f(x)$ 在点 $x=a$ 处可导，则 $\lim\limits_{h\to 0}\dfrac{f(a+h)-f(a-2h)}{h}=($ ）。

A. $3f'(a)$ B. $2f'(a)$ C. $f'(a)$ D. $\dfrac{1}{3}f'(a)$

20. 极限 $\lim\limits_{x\to\frac{\pi}{2}}\dfrac{\cos 3x}{\cos 5x}=($ ）。

A. $\dfrac{3}{5}$ B. $-\dfrac{3}{5}$ C. 1 D. -1

21. 试确定常数 a 与 n，使得当 $x\to 0$ 时，ax^n 与 $\ln(1-x^3)+x^3$ 为等价无穷小。

22. 设 $\lim\limits_{x\to 0}(x^{-3}\sin 3x+ax^{-2}+b)=0$，求常数 a 和 b。

23. 设 $f(x)=\begin{cases}\left[\dfrac{(1+x)^{\frac{1}{x}}}{e}\right]^{\frac{1}{x}}, & x\neq 0\\ A, & x=0\end{cases}$，问 A 取何值方能使 $f(x)$ 在 $x=0$ 处连续。

专题三：函数单调性的判别法

24. 下列函数在区间 $(-\infty,+\infty)$ 上单调增加的是（　　）。
  A. $\sin x$　　　　　B. e^x　　　　　C. x^2　　　　　D. $3-x$

25. 函数 $y=\dfrac{x^2}{1-x}$ 的单调增加区间是（　　）。
  A. $(-\infty,2)$　　　B. $(0,+\infty)$　　　C. $(0,2)$　　　D. $(0,1)$ 和 $(1,2)$

26. 函数 $f(x)=2x^2-\ln x$ 的单调增加区间是（　　）。
  A. $\left(-\dfrac{1}{2},0\right)$ 和 $\left(\dfrac{1}{2},+\infty\right)$　　　B. $\left(-\infty,-\dfrac{1}{2}\right)$ 和 $\left(0,\dfrac{1}{2}\right)$
  C. $\left(0,\dfrac{1}{2}\right)$　　　D. $\left(\dfrac{1}{2},+\infty\right)$

27. 设 $y=-x^2+4x-7$，则 y 在区间 $(-5,-3)$ 和 $(3,5)$ 内分别为（　　）。
  A. 单调增加，单调增加　　　B. 单调增加，单调减少
  C. 单调减少，单调增加　　　D. 单调减少，单调减少

28. 函数 $y=\dfrac{x^3}{3}-x$ 的单调增加区间是（　　）。
  A. $(-\infty,-1)$　　　B. $(-1,1)$
  C. $(1,+\infty)$　　　D. $(-\infty,-1)$ 和 $(1,+\infty)$

29. 函数 $y=x^2-4x+1$ 在区间 $(1,2)$ 上是（　　）。
  A. 单调增加　　　B. 单调减少　　　C. 先增后减　　　D. 先减后增

30. 函数 $y=x^3-3x$ 的单调递减区间为（　　）。
  A. $(-\infty,-1]$　　　B. $[-1,1]$　　　C. $[1,+\infty)$　　　D. $(-\infty,+\infty)$

31. 函数 $y=\sin x-x$ 在 $[0,2\pi]$ 上（　　）。
  A. 单调减少　　　B. 单调增加　　　C. 无界　　　D. 没有最大值

32. 函数 $f(x)$ 的单调区间的分界点是（　　）。
  A. 使 $f'(x)=0$ 的点　　　B. $f(x)$ 的间断点
  C. $f'(x)$ 不存在的点　　　D. 以上都不对

33. 判断函数 $y=\dfrac{1}{2}\ln(1+x^2)$ 的单调性。

34. 证明：当 $x>0$ 时，$x>\arctan x$。

专题四：函数的极值与最值

35. 设函数 $f(x)$ 在 $x=x_0$ 处连续，若 x_0 为 $f(x)$ 的极值点，则必有（　　）。
   A. $f'(x_0)=0$　　　　　　　　　　B. $f'(x_0)\neq 0$
   C. $f'(x_0)=0$ 或 $f'(x_0)$ 不存在　　D. $f'(x_0)$ 不存在

36. 已知 $f'(x)=(x-1)(x-2)^2(x-3)$，则函数 $f(x)$ 的极小值点为（　　）。
   A. $x=1$　　　　　　　　　　　　B. $x=2$
   C. $x=3$　　　　　　　　　　　　D. 无

37. 下列论断正确的是（　　）。
   A. 可导的极值点必为驻点　　　　B. 极值点必为驻点
   C. 驻点必为极值点　　　　　　　D. 不可导点必为极值点

38. 若 x_1 或 x_2 分别是函数 $f(x)$ 在 (a,b) 内的一个极大值点和一个极小值点，则（　　）。
   A. $f(x_1)>f(x_2)$
   B. 对任意 $x\in(a,b),f(x)\leqslant f(x_1),f(x)\geqslant f(x_2)$
   C. $f'(x_1)=f'(x_2)$
   D. $f'(x_1),f'(x_2)$ 可能为 0，也可能不存在

39. 函数 $y=f(x)$ 有驻点 $x=x_0$，则下列结论不正确的是（　　）。
   A. $f(x)$ 在 x_0 处连续
   B. $f(x)$ 在 x_0 处可导
   C. $f(x)$ 在 x_0 处有极值
   D. 点 $(x_0,f(x_0))$ 处曲线的切线平行于 x 轴

40. 下列结论中正确的是（　　）。
   A. 若点 x_0 是函数 $f(x)$ 的极值点，则 $f'(x_0)=0$
   B. 若 $f'(x_0)=0$，则点 x_0 必是函数 $f(x)$ 的极值点
   C. 若点 x_0 是函数 $f(x)$ 的极值点，且 $f'(x_0)$ 存在，则必有 $f'(x_0)=0$
   D. 函数 $f(x)$ 在区间 (a,b) 内的极大值一定大于极小值

41. 当 $x>x_0$ 时，$f'(x)>0$；当 $x<x_0$ 时，$f'(x)<0$，则点 x_0 一定是函数 $f(x)$ 的（　　）。
   A. 极大值点　　　　　　　　　　B. 极小值点
   C. 驻点　　　　　　　　　　　　D. 以上都不对

42. 函数 $f(x)=e^x-x-1$ 的驻点为（　　）。
   A. $x=0$　　　　　　　　　　　　B. $x=2$
   C. $x=0,y=0$　　　　　　　　　　D. $x=1$

43. 若 $f'(x_0)=0$，则 x_0 是 $f(x)$ 的（　　）。
   A. 极大值点　　　　　　　　　　B. 最大值点
   C. 极小值点　　　　　　　　　　D. 驻点

44. 函数 $y=(x-2)^2$ 在区间 $[0,4]$ 上的极小值为（　　）。
   A. -1　　　　B. 1　　　　C. 2　　　　D. 0

45. 函数 $y=x^{\frac{2}{3}}+5$ 的极值点是（　　）。
   A. $x=5$　　　　　　　　　　　　B. $x=0$
   C. $x=1$　　　　　　　　　　　　D. 不存在

46. 已知函数 $y=f(x)$ 的导函数 $y=f'(x)$ 的图像如下,则(　　)。

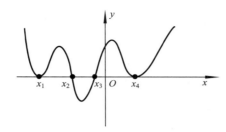

A. 函数 $f(x)$ 有 1 个极大值点,1 个极小值点
B. 函数 $f(x)$ 有 2 个极大值点,2 个极小值点
C. 函数 $f(x)$ 有 3 个极大值点,1 个极小值点
D. 函数 $f(x)$ 有 1 个极大值点,3 个极小值点

47. 点 $x=0$ 是函数 $y=x^4$ 的(　　)。

A. 驻点但非极值点　　　　　　　　B. 拐点
C. 驻点且是拐点　　　　　　　　　D. 驻点且是极值点

48. 下列结论正确的是(　　)。

A. 若 x_0 为函数 $f(x)$ 的驻点,则 x_0 必为函数 $f(x)$ 的极值点
B. 函数 $f(x)$ 导数不存在的点一定不是函数 $f(x)$ 的极值点
C. 若函数 $f(x)$ 在 x_0 处取得极值,且 $f'(x_0)$ 存在,则必有 $f'(x_0)=0$
D. 若函数 $f(x)$ 在 x_0 处连续,则 $f'(x_0)$ 一定存在

49. 函数 $y=x\mathrm{e}^{-2x}$(　　)。

A. 在 $x=\dfrac{1}{2}$ 处取得极大值 $\dfrac{1}{2}\mathrm{e}^{-1}$　　　　B. 在 $x=\dfrac{1}{2}$ 处取得极小值 $\dfrac{1}{2}\mathrm{e}^{-1}$
C. 在 $x=1$ 处取得极大值 e^{-2}　　　　D. 在 $x=1$ 处取得极小值 e^{-2}

50. 若函数 $f(x)=x^3-9x^2+15x+3$,则(　　)。

A. 在 $x=1$ 处取得极小值 10,在 $x=5$ 处取得极大值 -22
B. 在 $x=1$ 处取得极大值 10,在 $x=5$ 处取得极小值 -22
C. 在 $x=1$ 处取得极大值 -22,在 $x=5$ 处取得极小值 10
D. 在 $x=1$ 处取得极小值 -22,在 $x=5$ 处取得极大值 10

51. $f'(x_0)=0$ 是可导函数 $f(x)$ 在 x_0 处有极值的(　　)。

A. 充分条件　　　B. 必要条件　　　C. 充要条件　　　D. 无关条件

52. $y=(x-1)^3$ 的极值点的个数为(　　)。

A. 0　　　　　　　B. 1　　　　　　　C. 2　　　　　　　D. 3

53. 若 $f'(x_0)=0,f''(x_0)=0$,则函数 $f(x)$ 在点 x_0 处(　　)。

A. 必有极大值　　B. 必有极小值　　C. 可能有极值　　D. 一定无极值

54. 函数 $y=(x^2-1)^3+4$ 的极值点是(　　)。

A. $-1,0,1$　　　B. $-1,1$　　　　C. 0　　　　　　　D. 1

55. 函数 $y=(x+1)^3$ 在 $x=-1$ 处(　　)。

A. 有极大值　　　　　　　　　　　　B. 有极小值
C. 既无极大值,也无极小值　　　　　D. 无法判断

56. 函数 $y=1+3x-x^3$ 有(　　)。
   A. 极小值 -1,极大值 3
   B. 极小值 -2,极大值 3
   C. 极小值 -2,极大值 2
   D. 极小值 2,极大值 3

57. 若函数 $y=x^3-3x^2-9x+5$,则它(　　)。
   A. 在 $x=-1$ 处取得极大值,但没有极小值
   B. 在 $x=3$ 处取得极小值,但没有极大值
   C. 在 $x=-1$ 处取得极大值,在 $x=3$ 处取得极小值
   D. 既无极大值也无极小值

58. 函数 $y=3x^5-5x^3$ 有(　　)。
   A. 4 个极值点　　　B. 3 个极值点　　　C. 2 个极值点　　　D. 1 个极值点

59. 函数 $y=|x+1|+2$ 的最小值点是(　　)。
   A. 0　　　　　　　B. 1　　　　　　　C. -1　　　　　　D. 2

60. 若函数 $f(x)$ 在 $x=x_0$ 处取得最大值,则(　　)。
   A. x_0 是 $f(x)$ 的驻点
   B. x_0 是 $f'(x)$ 不存在的点
   C. x_0 是 $f(x)$ 定义区间的端点
   D. 以上三种可能都存在

61. 函数 $y=x^3-6x^2+9x+2$ 在区间 $[-1,1]$ 上的最大值和最小值为(　　)。
   A. $2,-14$　　　　B. $6,-14$　　　　C. $3,-1$　　　　D. $6,-1$

62. 函数 $y=4x-x^4$ 在区间 $[-1,2]$ 内的最大值和最小值分别为(　　)。
   A. $f(1),f(-1)$
   B. $f(1),f(2)$
   C. $f(-1),f(2)$
   D. $f(2),f(-1)$

63. 在曲线 $y=6-x^2(x>0)$ 上确定一点,使该点处的切线与两坐标轴围成的平面图形的面积最小,并求最小值。

64. 欲做一个容积为 300 m³ 的无盖圆柱形蓄水池,已知池底单位造价为周围单位造价的两倍,问蓄水池的尺寸应怎样设计才能使总造价最低。

65. 某工厂需要围建一个面积为 64 m² 的矩形堆料场,一边可利用原来的墙壁,而现有的存砖只够砌 24 m 长的墙壁,问这些存砖是否足够围建此堆料场。

专题五:曲线的凹凸性及拐点

66. 函数 $y=(x+1)^3$ 及其图像在区间 $(-1,+\infty)$ 内是(　　)。
A. 单调减少且是凹曲线　　　　　　B. 单调增加且是凹曲线
C. 单调增加且是凸曲线　　　　　　D. 单调减少且是凸曲线

67. 函数 $y=x^3+x+2$ 在定义域内(　　)。
A. 单调减少　　B. 单调增加　　C. 凹弧　　D. 凸弧

68. 设曲线 $y=x^3-3x^2-8$,则在区间 $(-1,1)$ 和 $(2,3)$ 内曲线分别为(　　)。
A. 凸的,凸的　　B. 凸的,凹的　　C. 凹的,凸的　　D. 凹的,凹的

69. 函数 $y=x^2 e^{-x}$ 及图像在 $(1,2)$ 是(　　)。
A. 单调减少且是凸的　　　　　　B. 单调增加且是凸的
C. 单调减少且是凹的　　　　　　D. 单调增加且是凹的

70. 曲线 $y=x^4-24x^2+6x$ 的凸区间为(　　)。
A. $(-2,2)$ 　　　　　　　　　　B. $(-\infty,0)$
C. $(0,+\infty)$ 　　　　　　　　　D. $(-\infty,+\infty)$

71. 若函数 $f(x)$ 在区间 (a,b) 内恒有 $f'(x)>0, f''(x)<0$,则函数的曲线为(　　)。
A. 上升凹弧　　　　　　　　　　B. 下降凹弧
C. 上升凸弧　　　　　　　　　　D. 下降凸弧

72. 函数 $y=x-\ln(1+x)$ 及其图像在区间 $(-1,0)$ 内是(　　)。
A. 单调减少且是凹曲线　　　　　　B. 单调增加且是凹曲线
C. 单调减少且是凸曲线　　　　　　D. 单调增加且是凸曲线

73. 曲线 $y=x^4$ (　　)。
A. 有拐点 $(0,0)$ 　　　　　　　　B. 有两个拐点
C. 有一个拐点　　　　　　　　　　D. 没有拐点

74. 若点 $(0,1)$ 曲线 $y=ax^3+bx^2+c$ 的拐点,则(　　)。
A. $a\neq 0, b=0, c=1$ 　　　　　　B. a 为任意实数,$b=0, c=1$
C. $a=0, b=1, c=0$ 　　　　　　　D. $a=-1, b=2, c=1$

75. 曲线 $f(x)=x-\sin x$ 在 $(0,2\pi)$ 内拐点的个数是(　　)。
A. 1 个　　　　B. 2 个　　　　C. 3 个　　　　D. 4 个

76. 曲线 $f(x)=e^{-x^2}+1$ (　　)。
A. 有 1 个拐点　　　　　　　　　B. 有 2 个拐点
C. 有 3 个拐点　　　　　　　　　D. 没有拐点

77. 求曲线 $y=x^4(12\ln x-7)$ 的凹凸区间及拐点。

专题六：函数图形

78. 曲线 $y=\dfrac{x^2}{\sqrt{x^2-1}}$ 的垂直渐近线是（　　）。

　　A. $y=\pm 1$　　　　B. $y=0$　　　　C. $x=\pm 1$　　　　D. $x=0$

79. 曲线 $y=\dfrac{1}{|x|}$ 的渐近线是（　　）。

　　A. 既无水平渐近线又无垂直渐近线　　　　B. 只有垂直渐近线
　　C. 既有水平渐近线又有垂直渐近线　　　　D. 只有水平渐近线

80. 曲线 $y=\dfrac{2x}{1-x^2}$ 的渐近线条数是（　　）。

　　A. 0　　　　　　　B. 1　　　　　　　C. 2　　　　　　　D. 3

81. 曲线 $y=\dfrac{2x}{\ln x}$ 的垂直渐近线是（　　）。

　　A. $x=0$　　　　B. $x=1$　　　　C. $y=0$　　　　D. $y=1$

82. 曲线 $y=\dfrac{x}{1+x^2}$ 的水平渐近线是＿＿＿＿＿＿。

83. 曲线 $y=\dfrac{2(x-2)(x+3)}{x-1}$ 的垂直渐近线是＿＿＿＿＿＿。

84. 曲线 $y=\dfrac{e^x}{1+x}$ 的水平渐近线是＿＿＿＿＿＿，垂直渐近线是＿＿＿＿＿＿。

四、章节检测

章节检测试卷（A 卷）

（一）判断题（每题 2 分，共 10 分，对的打√，错的打×）

1. 设 $f(x)=(x^2-1)(x^2-4)$，则 $f'(x)$ 有 3 个不同的零点。　　　　　　　　（　　）
2. 如果对任意 $x\in(a,b)$，都有 $f'(x)=g'(x)$，则在 (a,b) 内 $f(x)=g(x)$。　　（　　）
3. $y=\arctan x-x$ 在 **R** 上是单调递减函数。　　　　　　　　　　　　　　（　　）
4. 函数 $f(x)$ 在 (a,b) 内的极大值必定大于其极小值。　　　　　　　　　　（　　）
5. 如果 $(x_0,f(x_0))$ 为曲线 $y=f(x)$ 的拐点，则必有 $f''(x_0)=0$。　　　　　（　　）

（二）单项选择题（每题 2 分，共 50 分）

1. 使 $y=\sqrt[3]{x^2(1-x^2)}$ 满足罗尔定理条件的区间是（　　）。

　　A. $[-1,1]$　　　　B. $[0,1]$　　　　C. $[-2,2]$　　　　D. $\left[-\dfrac{3}{5},\dfrac{4}{5}\right]$

2. 在$[-1,1]$上满足罗尔定理条件的函数是(   )。
   A. $y=\dfrac{\sin x}{x}$ B. $y=(x+1)^2$ C. $y=x^{\frac{2}{3}}$ D. $y=x^2+1$

3. $y=\dfrac{x^3}{3}-x$ 在$(0,\sqrt{3})$内满足罗尔定理结论的$\xi=$(   )。
   A. -1 B. 0 C. 1 D. $\sqrt{3}$

4. 在$[-1,1]$上满足拉格朗日中值定理条件的函数是(   )。
   A. $y=|x|$ B. $y=\ln(1+x^2)$
   C. $y=\ln(1+x)$ D. $y=\dfrac{1}{x}$

5. $y=x^2+2x-3$ 在$(-1,2)$内满足拉格朗日中值定理结论的$\xi=$(   )。
   A. $\dfrac{1}{2}$ B. 0 C. 1 D. $-\dfrac{1}{2}$

6. 在$[-1,1]$上满足柯西中值定理条件的函数是(   )。
   A. $f(x)=e^{2x}, g(x)=x^2+6x-3$ B. $f(x)=e^{2x}, g(x)=x^2+x+3$
   C. $f(x)=e^{2x}, g(x)=e^{x^2}$ D. $f(x)=e^{2x}, g(x)=x^2$

7. 不能使用洛必达法则的是(   )。
   A. $\lim\limits_{x\to+\infty}\dfrac{\ln x}{x}$ B. $\lim\limits_{x\to\infty}\dfrac{\cos 2x}{x}$ C. $\lim\limits_{x\to 1}\dfrac{\ln x}{1-x}$ D. $\lim\limits_{x\to 0}\dfrac{\sin 2x}{\sin 3x}$

8. 函数 $y=xe^{-x}$ 的一个单调递增区间是(   )。
   A. $[-1,0]$ B. $[2,8]$ C. $[1,2]$ D. $[0,2]$

9. 如果$f(x)$在$[a,b]$上连续,在(a,b)内$f'(x)<0$,且$f(b)>0$,则在(a,b)内有(   )。
   A. $f(x)>0$ B. $f(x)<0$
   C. $f(x)=0$ D. $f(x)$的符号不确定

10. 函数 $y=\dfrac{x}{1+x^2}$(   )。
    A. 在 **R** 上单调递减   B. 在 **R** 上单调递增
    C. 在$(-1,1)$内单调递减   D. 在$(-1,1)$内单调递增

11. 函数 $y=x\ln x$(   )。
    A. 在$\left(0,\dfrac{1}{e}\right)$内单调递增   B. 在$\left(\dfrac{1}{e},+\infty\right)$内单调递增
    C. 在$(0,+\infty)$内单调递减   D. 在$(0,+\infty)$内单调递增

12. $f'(x_0)=0$ 是 $f(x)$在x_0处取得极值的(   )。
    A. 必要条件   B. 充分条件   C. 充要条件   D. 无关条件

13. 设 $f(x)$的定义域是(a,b),$f'(x)$的图像如右图所示,则$f(x)$在(a,b)内的极小值点有(   )。
    A. 1个
    B. 2个
    C. 3个
    D. 4个

14. 函数 $f(x)=x^3+ax^2+3x-9$ 在 $x=-3$ 处取得极值,则 $a=$(   )。
    A. 2   B. 3   C. 4   D. 5

15. 设 $f(x_0)>0, f'(x_0)=0, f''(x_0)$ 存在，且 $f''(x_0)+f'(x_0)=-1$，则（　　）。

A. x_0 是 $f(x)$ 的极大值点 B. x_0 是 $f(x)$ 的极小值点

C. x_0 不是 $f(x)$ 的极值点 D. 不能确定 x_0 是否为 $f(x)$ 的极值点

16. 函数 $y=x-\ln(1+x^2)$ 的极值（　　）。

A. 等于 0　　　B. 等于 $1-\ln 2$　　　C. 等于 $-1-\ln 2$　　　D. 不存在

17. 函数 $y=x-\sin x+2$ 在 $[0,1]$ 上的最大值是（　　）。

A. 2　　　B. 3　　　C. $3-\sin 1$　　　D. $2+\sin 1$

18. 函数 $y=x^4-8x^2+\dfrac{11}{3}$ 在 $(-1,3)$ 上（　　）。

A. 有最大值，无最小值　　　B. 有最大值，有最小值

C. 无最大值，有最小值　　　D. 无最大值，无最小值

19. 曲线 $y=xe^{-2x}$ 的凹区间是（　　）。

A. $(-\infty,2)$　　　B. $(-\infty,-2)$　　　C. $(1,+\infty)$　　　D. $(-1,+\infty)$

20. 曲线 $y=x^3(1-x)$ 的凸区间是（　　）。

A. $\left(-\infty,\dfrac{1}{2}\right)$　　　B. $\left(\dfrac{1}{2},+\infty\right)$　　　C. $\left[0,\dfrac{1}{2}\right]$　　　D. $[0,+\infty)$

21. $(1,2)$ 是曲线 $y=ax^2+bx^3$ 的拐点，则（　　）。

A. $a=0,b=2$　　　B. $a=1,b=1$

C. $a=2,b=0$　　　D. $a=3,b=-1$

22. 曲线 $y=\dfrac{e^x}{1+x}$（　　）。

A. 有一个拐点　　　B. 有两个拐点　　　C. 有三个拐点　　　D. 无拐点

23. 曲线 $y=\dfrac{2(x-1)}{x^2+2x-3}$ 的渐近线的数量是（　　）。

A. 0 条　　　B. 1 条　　　C. 2 条　　　D. 3 条

24. 曲线 $y=\dfrac{x}{3-x^2}$（　　）。

A. 只有水平渐近线　　　B. 只有垂直渐近线

C. 既有水平渐近线，又有垂直渐近线　　　D. 没有渐近线

25. 当 $x>0$ 时，曲线 $y=x\sin\dfrac{1}{x}$（　　）。

A. 只有水平渐近线　　　B. 只有垂直渐近线

C. 既有水平渐近线，又有垂直渐近线　　　D. 没有渐近线

（三）计算题（每题 5 分，共 30 分）

1. 求极限 $\lim\limits_{x\to 0}\dfrac{e^x+e^{-x}-2}{x^2}$。

2. 求极限 $\lim\limits_{x\to 0}\left[\dfrac{1}{\ln(x+1)}-\dfrac{1}{x}\right]$。

3. 求极限 $\lim\limits_{x\to +\infty} x\left(\dfrac{\pi}{2}-\arctan x\right)$。

4. 求函数 $y=x^3-\dfrac{3}{2}x^2-6x+10$ 的单调区间和极值。

5. 已知等腰三角形的周长是 $2L$（定数），求它的腰长为多长时其面积最大，并求最大面积。

6. 求函数 $y=\dfrac{x^3}{(x-1)^2}$ 的凹凸区间和拐点。

(四)证明题(每题 5 分,共 10 分)

1. 证明:当 $x>0$ 时, $\dfrac{x}{1+x}<\ln(1+x)<x$。

2. 证明:当 $x>0$ 时, $1+x\ln(x+\sqrt{1+x^2})>\sqrt{1+x^2}$。

章节检测试卷(B 卷)

(一)单项选择题(每题 2 分,共 30 分)

1. 下列函数中,在区间 $[-1,1]$ 上满足罗尔定理条件的是( )。
   A. $\ln x^2$ B. $1+x^3$ C. $|x|$ D. $\sin x^2$

2. 函数 $y=2x^2-\dfrac{1}{3}x^3$ 在区间 $[0,6]$ 上的最大值是( )。
   A. $\dfrac{32}{3}$ B. $\dfrac{16}{3}$ C. 12 D. 9

3. 函数 $f(x)=(x-1)(x-2)(x-3)$,则方程 $f'(x)=0$ 有( )。
   A. 一个实根 B. 二个实根 C. 三个实根 D. 无实根

4. 函数 $f(x)=2x^2-x+1$ 在区间 $[-1,3]$ 上满足拉格朗日中值定理的 $\xi=$( )。
   A. $-\dfrac{3}{4}$ B. 0 C. $\dfrac{3}{4}$ D. 1

5. 设 $f(x)$ 在 $[0,1]$ 上有二阶导数,且 $f''(x)>0$,则下列不等式中正确的是( )。
   A. $f'(1)>f'(0)>f(1)-f(0)$ B. $f'(1)>f(1)-f(0)>f'(0)$
   C. $f(1)-f(0)>f'(1)>f'(0)$ D. $f'(1)>f(0)-f(1)>f'(0)$

6. 下列各极限都存在,能用洛必达法则的是( )。
   A. $\lim\limits_{x\to 0}\dfrac{x^2\sin\dfrac{1}{x}}{\sin x}$ B. $\lim\limits_{x\to +\infty}\dfrac{x+\cos x}{x+\sin x}$
   C. $\lim\limits_{x\to +\infty}\dfrac{\arctan x-\dfrac{\pi}{2}}{\operatorname{arccot} x}$ D. $\lim\limits_{x\to +\infty}\dfrac{e^x-e^{-x}}{e^x+e^{-x}}$

7. 极限 $\lim\limits_{x\to 0}\dfrac{\sin x-x}{x^3}=$(   )。

A. -1　　　　B. $-\dfrac{1}{6}$　　　　C. $-\dfrac{1}{3}$　　　　D. 0

8. 极限 $\lim\limits_{x\to 0}\cot x\left(\dfrac{1}{\sin x}-\dfrac{1}{x}\right)=$(   )。

A. $\dfrac{1}{3}$　　　　B. $\dfrac{1}{6}$　　　　C. $\dfrac{1}{12}$　　　　D. 0

9. 函数 $y=2x^2-\ln x$ 的最小值是(   )。

A. $\dfrac{1}{2}-\ln 2$　　B. $\dfrac{1}{2}+\ln 2$　　C. $2+\ln 2$　　D. $2-\ln 2$

10. 函数 $y=\dfrac{2}{3}x^3-x^2-4x+5$ 的单调减少区间是(   )。

A. $[2,+\infty)$　　B. $(-\infty,1]$　　C. $[0,3]$　　D. $[-1,2]$

11. 设 $y=f(x)$ 在 x_0 处有极大值,则(   )。

A. $f'(x_0)=0$　　　　　　　　　B. $f'(x_0)=0, f''(x_0)<0$

C. $f'(x_0)=0$ 或 $f'(x_0)$ 不存在　　D. $f''(x_0)<0$

12. 设函数 $f(x)$ 在 $[a,b]$ 上连续,则下列命题正确的是(   )。

A. $f(x)$ 在 $[a,b]$ 上一定有最大值与最小值

B. $f(x)$ 必在 (a,b) 内取得最小值

C. $f(x)$ 必在区间的端点处取得最大值

D. $f(x)$ 必在 (a,b) 内取得极值,则此极值必为最值

13. 函数 $f(x)$ 在 $x=a$ 的某邻域内连续,且 $\lim\limits_{x\to a}\dfrac{f(x)-f(a)}{(x-a)^2}=-1$,则 $f(x)$ 在 $x=a$ 处(   )。

A. 不可导　　　　　　　　　　　B. 可导,且 $f'(a)\neq 0$

C. 取得极小值　　　　　　　　　D. 取得极大值

14. 设 $(x_0,f(x_0))$ 是曲线 $y=f(x)$ 的拐点,则在该点处(   )。

A. $f''(x_0)=0$　　　　　　　　　B. 曲线 $y=f(x)$ 必有切线

C. $f'(x_0)=0$　　　　　　　　　D. 曲线 $y=f(x)$ 可能没有切线

15. 函数 $f(x)=\dfrac{x^3}{x+1}$ 的垂直渐近线是(   )。

A. $x=-1$　　B. $x=0$　　C. $y=0$　　D. $y=-1$

(二)填空题(每题 2 分,共 30 分)

16. 设函数 $y=x+k\ln x$ 在 $[1,e]$ 上满足罗尔定理的条件,则 $k=$ ＿＿＿＿＿＿。

17. 函数 $f(x)=4x^3$ 在区间 $[0,1]$ 上满足拉格朗日中值定理的 $\xi=$ ＿＿＿＿＿＿。

18. 函数 $f(x)=x^3-3x$ 的单调减少区间是 ＿＿＿＿＿＿。

19. 极限 $\lim\limits_{x\to+\infty}\dfrac{x^3}{e^x}=$ ＿＿＿＿＿＿。

20. 极限 $\lim\limits_{x\to 0}\dfrac{e^x+e^{-x}-2}{\sin x^2}=$ ＿＿＿＿＿＿。

21. 极限 $\lim\limits_{x\to 0}\dfrac{x-x\cos x}{x-\sin x}=$ ＿＿＿＿＿＿。

22. 函数 $y=\ln(1+x^2)$ 的驻点是 ＿＿＿＿＿＿。

23. 函数 $f(x)=x^2-6x+4\ln x$ 的极小值是_____。

24. 函数 $y=x^3+3x^2+2$ 在 $[-2,3]$ 上的最小值是_____。

25. 已知 $x=4$ 是函数 $f(x)=x^2+px+q$ 的极值点，则 $p=$_____。

26. 设 $f(x)=x^3+ax^2+bx$ 在 $x=-1$ 处取得极小值 -2，则 $a=$_____，$b=$_____。

27. 曲线 $y=\dfrac{1}{x+1}$ 的凸区间是_____。

28. 曲线 $y=\dfrac{1}{3}x^3-x^2+1$ 的拐点是_____。

29. 若曲线 $y=x^2-ax^{\frac{3}{2}}$ 有一个拐点的横坐标是 $x=1$，则 $a=$_____。

30. 函数 $f(x)=\dfrac{x}{x+1}$ 的水平渐近线是_____。

（三）计算题（每题 8 分，共 40 分）

31. 求极限 $\lim\limits_{x\to 0}\dfrac{\arctan x-x}{\ln(1+2x^3)}$。

32. 求极限 $\lim\limits_{x\to 0}\dfrac{x-\sin x}{(e^{2x}-1)(1-\cos x)}$。

33. 确定函数 $y=2x^3-6x^2-18x-7$ 的单调区间和极值。

34. 已知曲线 $y=x^3+ax^2+bx+c$ 的拐点是 $(2,4)$，且曲线在点 $x=3$ 处有极值，求 a,b,c 的值。

35. 求曲线 $f(x)=x\mathrm{e}^{-\frac{x^2}{2}}(0\leqslant x\leqslant 4)$ 的凹凸区间和拐点。

五、答案解析

同步练习参考答案

专题一答案　1—5：DDCAC　　6：B

7. 解：显然 $f(x)$ 在 $\left[\dfrac{\pi}{6},\dfrac{5\pi}{6}\right]$ 上连续，在 $\left(\dfrac{\pi}{6},\dfrac{5\pi}{6}\right)$ 内可导，且
$$f\left(\frac{\pi}{6}\right)=f\left(\frac{5\pi}{6}\right)=-\ln 2,$$
存在一点 $\xi=\dfrac{\pi}{2}\in\left(\dfrac{\pi}{6},\dfrac{5\pi}{6}\right)$，使得
$$f'\left(\frac{\pi}{2}\right)=\left.\frac{\cos x}{\sin x}\right|_{x=\frac{\pi}{2}}=0。$$

8. 解：$f(x)$ 在 $[0,1]$ 上连续，在 $(0,1)$ 内可导，则存在一点 $\xi\in(0,1)$，使得 $f(1)-f(0)=f'(\xi)(1-0)$。化简可得，$2^\varepsilon=(\ln 2)^{-1}$，即 $\varepsilon=-\log_2(\ln 2)$。

9. 解：$f(x)$ 和 $g(x)$ 在 $\left[0,\dfrac{\pi}{2}\right]$ 上连续，在 $\left(0,\dfrac{\pi}{2}\right)$ 内可导，且在 $\left(0,\dfrac{\pi}{2}\right)$ 内 $g'(x)=2\sin x\cos x=\sin(2x)\neq 0$，则存在一点 $\xi\in\left(0,\dfrac{\pi}{2}\right)$，使得
$$\frac{f\left(\frac{\pi}{2}\right)-f(0)}{g\left(\frac{\pi}{2}\right)-g(0)}=\left.\frac{f'(\xi)}{g'(\xi)}\right|_{\xi=\frac{\pi}{3}}。\text{化简可得}, \cos\varepsilon=\frac{1}{2},\text{即}\varepsilon=\frac{\pi}{3}。$$

10. 证明：设 $f(x)=\arctan x+\arctan\dfrac{1}{x}$，当 $x>0$ 时，
$$f'(x)=\frac{1}{1+x^2}+\frac{1}{1+\frac{1}{x^2}}\cdot\left(-\frac{1}{x^2}\right)=0,\text{从而当}\ x>0\ \text{时}, f(x)=C(C\ \text{为常数})。$$

令 $x=1$，则 $f(1)=\dfrac{\pi}{4}+\dfrac{\pi}{4}=\dfrac{\pi}{2}$. 因此，当 $x>0$ 时，$f(x)=\dfrac{\pi}{2}$。

11. 证明：设 $f(x)=\ln x$，则 $f(x)$ 在 $[a,b]$ 连续，在 (a,b) 内可导。由拉格朗日中值定理可知，存在一点 $\xi\in(a,b)$，满足 $\dfrac{\ln b-\ln a}{b-a}=f'(\xi)=\dfrac{1}{\xi}$。因为 $\xi<b\Rightarrow\dfrac{1}{\xi}>\dfrac{1}{b}\Rightarrow\dfrac{1}{b}=\dfrac{2a}{2ab}>\dfrac{2a}{a^2+b^2}$ $\Rightarrow\dfrac{1}{\xi}>\dfrac{2a}{a^2+b^2}\Rightarrow\dfrac{\ln b-\ln a}{b-a}>\dfrac{2a}{a^2+b^2}$。

专题二答案　12—15：CACB　　16—20：BBBAB

21. 解：由已知得 $\lim\limits_{x\to 0}\dfrac{\ln(1-x^3)+x^3}{ax^n}=1$，运用洛必达法则有

$$\lim_{x\to 0}\dfrac{\dfrac{-3x^2}{1-x^3}+3x^2}{nax^{n-1}}=\lim_{x\to 0}\left(\dfrac{-3x^5}{nax^{n-1}}\cdot\dfrac{1}{1-x^3}\right)=\lim_{x\to 0}\dfrac{-3x^5}{nax^{n-1}}=1$$

从而有 $n-1=5, na=-3$，

即 $n=6, a=-\dfrac{1}{2}$。

22. 解：由已知得 $\lim\limits_{x\to 0}\dfrac{\sin 3x+ax+bx^3}{x^3}=\lim\limits_{x\to 0}\dfrac{3\cos 3x+a+3bx^2}{3x^2}=0$，从而 $\lim\limits_{x\to 0}(3\cos 3x+a+3bx^2)=3+a=0\Rightarrow a=-3$。

又因为

$$\lim_{x\to 0}\dfrac{3\cos 3x+a+3bx^2}{3x^2}=\lim_{x\to 0}\dfrac{\cos 3x-1+bx^2}{x^2}=\lim_{x\to 0}\dfrac{-3\sin 3x+2bx}{2x}=-\dfrac{9}{2}+b=0$$

$\Rightarrow b=\dfrac{9}{2}$。

23. 解：由 $f(x)$ 在 $x=0$ 处连续，$A=\lim\limits_{x\to 0}f(x)=\lim\limits_{x\to 0}\left[\dfrac{(1+x)^{\frac{1}{x}}}{e}\right]^{\frac{1}{x}}=\lim\limits_{x\to 0}e^{\frac{1}{x}\ln\left[\frac{(1+x)^{\frac{1}{x}}}{e}\right]}$，又因为 $\lim\limits_{x\to 0}\dfrac{1}{x}\ln\left[\dfrac{(1+x)^{\frac{1}{x}}}{e}\right]=\lim\limits_{x\to 0}\dfrac{\ln(1+x)^{\frac{1}{x}}-1}{x}=\lim\limits_{x\to 0}\dfrac{\ln(1+x)-x}{x^2}=\lim\limits_{x\to 0}\dfrac{\dfrac{1}{1+x}-1}{2x}=-\dfrac{1}{2}$，从而 $A=e^{-\frac{1}{2}}$。

专题三答案　24—25：BD　　26—30：DBDBB　　31—32：AD

33. 解：易知函数的定义域为 $(-\infty,+\infty)$，又 $y'=\dfrac{x}{1+x^2}$，当 $x>0$ 时，$y'>0$；当 $x<0$ 时，$y'<0$，从而可知，函数在 $[0,+\infty)$ 上单调增加，在 $(-\infty,0]$ 上单调减少。

34. 证明：设 $f(x)=x-\arctan x$，易知 $f'(x)=\dfrac{x^2}{1+x^2}$，当 $x>0$ 时，有 $f'(x)>0$，$f(x)$ 在 $[0,+\infty)$ 上单调增加，从而有 $f(x)>f(0)$，即 $x>\arctan x$。

专题四答案　35：C　36—40：CADCC　　41—45：DADDB　　46—50：ADCAB
51—55：BACCC　　56—60：ACCCD　　61—62：BB

63. 解：设曲线上的点 (x_0,y_0)，则 $y_0=6-x_0^2$。

点 (x_0,y_0) 处切线的斜率 $k=\dfrac{dy}{dx}\Big|_{x=x_0}=-2x_0$，从而切线方程为

$y-y_0=-2x_0(x-x_0)$，即 $2x_0x+y-y_0-2x_0^2=0$。

该切线与 x,y 轴的交点分别为 $\left(\dfrac{y_0+2x_0^2}{2x_0},0\right),(0,y_0+2x_0^2)$，则

$$S = \frac{1}{2} \cdot \frac{y_0 + 2x_0^2}{2x_0} \cdot (y_0 + 2x_0^2) = \frac{(y_0 + 2x_0^2)^2}{4x_0} = \frac{(6 + x_0^2)^2}{4x_0},$$

$$S' = \frac{(6 + x_0^2)(12x_0^2 - 24)}{16x_0^2}, \text{令 } S' = 0 \Rightarrow x_0 = \sqrt{2}。$$

当 $x_0 > \sqrt{2}$，$S' > 0$；当 $x_0 < \sqrt{2}$，$S' < 0$，故 $x_0 = \sqrt{2}$ 为极小值点，因此最小值点，此时 $S_{\min} = \frac{8^2}{4\sqrt{2}} = 8\sqrt{2}$。

64．解：设蓄水池的底面半径为 r，高为 h，侧面造价是 a，底面造价是 $2a$。

由圆柱体的体积得，$h = \frac{300}{\pi r^2}$。总造价 $y = 2a\pi r^2 + 2a\pi rh = 2a\pi r^2 + \frac{600a}{r}$。

$y' = 4a\pi r - \frac{600a}{r^2}$，得驻点 $r = \sqrt[3]{\frac{150}{\pi}}$。

$y'' = 4a\pi + \frac{1\,200a}{r^3}$，当 $r = \sqrt[3]{\frac{150}{\pi}}$ 时，$y'' > 0$。

所以，$r = \sqrt[3]{\frac{150}{\pi}}$ 时总造价最低。

65．解：设堆料场的长、宽分别为 x, y，则 $x + 2y = 24$。

堆料场的面积 $S = xy = x\left(12 - \frac{1}{2}x\right) = -\frac{1}{2}x^2 + 12x$。

$S' = -x + 12$，得驻点 $x = 12$．又 $S'' = -1 < 0$，所以当 $x = 12, y = 6$ 时，堆料场的面积取得最大值，最大值为 $S = 72$，这些存砖足够围建此堆料场。

专题五答案　66—70：BBBBA　　　71—75：CADAA　　76：B

77．解：函数的定义为 $(0, +\infty)$，$y' = 4x^3(12\ln x - 7) + 12x^3$，$y'' = 144x^2\ln x$。

令 $y'' = 0$ 得 $x = 1$。当 $x > 1$ 时，$y'' > 0$；当 $0 < x < 1$ 时，$y'' < 0$。故曲线在 $(0, 1]$ 内是凸的，在 $[1, +\infty)$ 内是凹的，拐点为 $(1, -7)$。

专题六答案　78—80：CCD　　81：B　　82．$y = 0$　　83．$x = 1$　　84．$y = 0; x = -1$

章节检测试卷(A卷)参考答案

(一)判断题

1．√　　2．×　　3．√　　4．×　　5．×

(二)单项选择题

1—5：BDCBA　　　　　　6—10：ABAAD　　　　　　11—15：BDADA

16—20：DCBCB　　　　　21—25：DDCCA

(三)计算题

1．解：原式 $= \lim\limits_{x \to 0} \frac{e^x - e^{-x}}{2x} = \lim\limits_{x \to 0} \frac{e^x + e^{-x}}{2} = 1$。

2．解：原式 $= \lim\limits_{x \to 0} \frac{x - \ln(x+1)}{x\ln(x+1)} = \lim\limits_{x \to 0} \frac{x - \ln(x+1)}{x^2} = \lim\limits_{x \to 0} \frac{1 - \frac{1}{x+1}}{2x} = \lim\limits_{x \to 0} \frac{\frac{1}{(x+1)^2}}{2} = \frac{1}{2}$。

3．解：原式 $= \lim\limits_{x \to +\infty} \frac{\frac{\pi}{2} - \arctan x}{\frac{1}{x}} = \lim\limits_{x \to +\infty} \frac{x^2}{1 + x^2} = 1$。

4. 解：$y' = 3x^2 - 3x - 6 = 3(x+1)(x-2)$，令 $y' = 0$，得驻点 $x = -1, x = 2$。

在 $(-\infty, -1)$ 内，$y' > 0$；在 $(-1, 2)$ 内，$y' < 0$；在 $(2, +\infty)$ 内，$y' > 0$。

函数在 $(-\infty, -1]$，$[2, +\infty)$ 上单调增加，函数在 $[-1, 2]$ 上单调减少。

函数在 $x = -1$ 处取得极大值 $\dfrac{27}{2}$，在 $x = 2$ 处取得极小值 0。

5. 解：设腰长为 x，则面积 $S = (L-x)\sqrt{2Lx - L^2}$。

$S' = \dfrac{L(2L-3x)}{\sqrt{2Lx-L^2}}$，驻点 $\dfrac{2L}{3}$。

当腰长为 $\dfrac{2L}{3}$ 时，面积最大，且最大面积为 $\dfrac{\sqrt{3}L^2}{9}$。

6. 解：$y' = \dfrac{x^2(x-3)}{(x-1)^3}$，$y'' = \dfrac{6x}{(x-1)^4}$。

凹区间：$[0, 1) \cup (1, +\infty)$，凸区间 $(-\infty, 0]$。拐点为 $(0, 0)$。

(四)证明题

1. 证明：设 $f(x) = \ln t$，它在 $[1, 1+x]$ 上满足拉格朗日中值定理的条件，则

$\ln(1+x) - \ln 1 = \dfrac{x}{\xi}$，$\xi \in (1, 1+x)$。

又 $\dfrac{1}{1+x} < \dfrac{1}{\xi} < 1$，因而 $\dfrac{x}{1+x} < \ln(1+x) < x$。

2. 证明：设 $f(x) = 1 + x\ln(x + \sqrt{1+x^2}) - \sqrt{1+x^2}$，由于当 $x > 0$ 时，有

$f'(x) = \ln(x + \sqrt{1+x^2}) > 0$。由于 $f(x)$ 在 $x = 0$ 处连续，所以 $f(x)$ 在 $[0, +\infty)$ 上单调增加，从而当 $x > 0$ 时，有 $f(x) > f(0) = 0$，即 $1 + x\ln(x + \sqrt{1+x^2}) > \sqrt{1+x^2}$。

章节检测试卷(B卷)参考答案

(一)单项选择题

1—5：DABDB   6—10：CBBBD   11—15：CADDA

(二)填空题

16. $1 - e$ 17. $\dfrac{\sqrt{3}}{3}$ 18. $[-1, 1]$ 19. 0 20. 1

21. 3 22. $x = 0$ 23. $4\ln 2 - 8$ 24. -2 25. -8

26. $4, 5$ 27. $(-\infty, -1)$ 28. $\left(1, \dfrac{1}{3}\right)$ 29. $\dfrac{8}{3}$ 30. $y = 1$

(三)计算题

31. 解：$\lim\limits_{x \to 0} \dfrac{\arctan x - x}{\ln(1 + 2x^3)} = \lim\limits_{x \to 0} \dfrac{\arctan x - x}{2x^3} = \lim\limits_{x \to 0} \dfrac{\dfrac{1}{1+x^2} - 1}{6x^2}$

$= -\dfrac{1}{6} \lim\limits_{x \to 0} \dfrac{1}{1+x^2} = -\dfrac{1}{6}$。

32. 解：$\lim\limits_{x \to 0} \dfrac{x - \sin x}{(e^{2x} - 1)(1 - \cos x)} = \lim\limits_{x \to 0} \dfrac{x - \sin x}{2x \cdot \dfrac{1}{2}x^2} = \lim\limits_{x \to 0} \dfrac{x - \sin x}{x^3} = \lim\limits_{x \to 0} \dfrac{1 - \cos x}{3x^2}$

$$=\lim_{x\to 0}\frac{\frac{1}{2}x^2}{3x^2}=\frac{1}{6}.$$

33. 解:定义域为 $x\in \mathbf{R}$,$y'=6x^2-12x-18$,令 $y'=0$ 得到函数的驻点为 $x=3$ 和 $x=-1$,当 $x\in(-\infty,-1)$ 时,$f'(x)>0$;当 $x\in(-1,3)$ 时,$f'(x)<0$;当 $x\in(3,+\infty)$ 时,$f'(x)>0$。故函数的单调增区间为 $(-\infty,-1]$,$[3,+\infty)$,单调减区间为 $[-1,3]$。从而函数的极大值为 $f(-1)=3$,极小值为 $f(3)=-61$。

34. 解:
$$y'=3x^2+2ax+b\Rightarrow y'|_{x=3}=27+6a+b=0 \quad ①$$
$$y''=6x+2a\Rightarrow y''|_{(2,4)}=12+2a=0\Rightarrow a=-6 \quad ②$$
又因为拐点 $(2,4)$ 是曲线 $y=x^3+ax^2+bx+c$ 上的点,故有
$$4=8+4a+2b+c \quad ③$$
由式①、式②和式③可解得 $a=-6$,$b=9$,$c=2$。

35. 解:已知曲线的定义区间为 $[0,4]$,
$$f'(x)=\mathrm{e}^{-\frac{x^2}{2}}+x\mathrm{e}^{-\frac{x^2}{2}}\cdot(-\frac{1}{2}\cdot 2x)=(1-x^2)\cdot \mathrm{e}^{-\frac{x^2}{2}},$$
$$f''(x)=(1-x^2)'\cdot \mathrm{e}^{-\frac{x^2}{2}}+(1-x^2)\cdot(\mathrm{e}^{-\frac{x^2}{2}})'=(-2x)\cdot \mathrm{e}^{-\frac{x^2}{2}}+(1-x^2)\cdot(-x\cdot \mathrm{e}^{-\frac{x^2}{2}})$$
$$=(-2x)\cdot \mathrm{e}^{-\frac{x^2}{2}}+(1-x^2)\cdot(-x\cdot \mathrm{e}^{-\frac{x^2}{2}})=(x^3-3x)\cdot \mathrm{e}^{-\frac{x^2}{2}}=0$$
$\Rightarrow x_1=0$,$x_2=\sqrt{3}$,

当 $x\in(0,\sqrt{3})$ 时,$f''(x)<0$;当 $x\in(\sqrt{3},4)$ 时 $f''(x)>0$,因此曲线的凸区间为 $[0,\sqrt{3}]$,凹区间为 $[\sqrt{3},4]$,拐点为 $(\sqrt{3},\sqrt{3}\mathrm{e}^{-\frac{3}{2}})$。

第一学期期末综合测试试卷(A卷)

一、填空题(每题 2 分,共 10 分)

1. $\lim\limits_{x\to\infty}\arctan x \cdot \arcsin\dfrac{1}{x} =$ _____。

2. 极限 $\lim\limits_{n\to\infty}\left(\dfrac{n+1}{n}\right)^{2n} =$ _____。

3. 设 $f(x)=\begin{cases}\dfrac{\sin 4x}{ax}, & x>0 \\ 9e^x-\cos x, & x\leqslant 0\end{cases}$ 在 $x=0$ 处连续,则常数 $a=$ _____。

4. 函数 $y=\dfrac{1}{3}x^3+\dfrac{5}{2}x^2+4x$ 在 $[0,2]$ 上的最大值是 _____。

5. 设 $f(x)=\arccos\dfrac{1}{x}$,则 $f'(-2)=$ _____。

二、单项选择题(每题 2 分,共 30 分)

1. 函数 $y=10^{\ln x}+\sqrt{-\sin^2(\pi x)}$ 的定义域是( )。
   A. 正整数集 B. 整数集 C. $(0,+\infty)$ D. $(-\infty,+\infty)$

2. 函数 $f(x)=\ln(x+\sqrt{a^2+x^2})-\ln a$ 是( )。
   A. 偶函数
   B. 奇函数
   C. 非奇非偶函数
   D. 奇偶性取决于 a 的值

3. 极限 $\lim\limits_{n\to\infty}\sqrt{n}(\sqrt{n+3}-\sqrt{n-1})=$ ( )。
   A. 1 B. 2 C. 0 D. ∞

4. 极限 $\lim\limits_{n\to\infty}\dfrac{2^n+7^n}{2^n-7^n-1}=$ ( )。
   A. 1 B. -1 C. 7 D. ∞

5. 当 $x\to\infty$ 时,下列函数中有极限的是( )。
   A. $\sin x$ B. $\dfrac{1}{e^x}$ C. $\dfrac{x+1}{x-1}$ D. $\arctan x$

6. 当 $x\to 0$ 时,下列函数中是无穷小的是( )。
   A. $2x-1$ B. $x^2+\sin x$ C. $\dfrac{\ln(1+x)}{x}$ D. $\dfrac{\sin x}{x}$

7. 当 $x\to 0^+$ 时,函数 $x\ln x$ 是( )。
   A. 无穷大
   B. 无穷小
   C. 有界,不是无穷小
   D. 无界,不是无穷大

8. 若 $f(x)$ 在 $x=x_0$ 处不连续,则 $f(x)$ 在该点处( )。
   A. 必不可导 B. 一定可导 C. 可能可导 D. 必无极限

9. 设曲线 $y=ax^2$ 与 $y=\ln x$ 相切,则 $a=$ ( )。
   A. $\dfrac{1}{2e}$ B. $\dfrac{1}{e}$ C. 1 D. e

10. 设 $y=\cos x$,则 $y^{(10)}=$（　　）。
A. $\sin x$ B. $\cos x$ C. $-\sin x$ D. $-\cos x$

11. 在 $[-1,1]$ 上满足罗尔定理条件的函数是（　　）。
A. $y=1-x^2$ B. $y=|x|$ C. $y=\dfrac{1}{x^2}$ D. $y=x^2-2x-1$

12. 下列函数在 $[1,e]$ 上满足拉格朗日中值定理条件的是（　　）。
A. $\ln(\ln x)$ B. $\ln x$ C. $\dfrac{1}{\ln x}$ D. $\ln(2-x)$

13. 若 $f(x)$ 在 $[0,+\infty)$ 上可导,且 $f'(x)>0$, $f(0)<0$,则 $f(x)$ 在 $[0,+\infty)$ 上（　　）。
A. 有唯一零点   B. 至少有一个零点
C. 没有零点   D. 不能确定有无零点

14. 下列曲线为凹曲线的是（　　）。
A. $y=3^{-2x}$ B. $y=x^5$ C. $y=\arctan x$ D. $y=\lg x$

15. 曲线 $y=\dfrac{x^2+1}{x-1}$ 的渐近线情况是（　　）。
A. 有水平渐近线,无垂直渐近线   B. 无水平渐近线,也无垂直渐近线
C. 无水平渐近线,有垂直渐近线   D. 有水平渐近线,也有垂直渐近线

三、计算题（每题 6 分,共 60 分）

1. 设 $\lim\limits_{x\to\infty}\left(\dfrac{x+2a}{x-a}\right)^x=8$,求 a。

2. 求极限 $\lim\limits_{x\to 0}\left(\dfrac{1}{\sin^2 x}-\dfrac{1}{x^2}\right)$。

3. 设 $f(x)=\begin{cases}\dfrac{x\ln x}{x-1}, & x\neq 1 \\ 1, & x=1\end{cases}$,求 $f'(1)$。

4. 求 $y=x^{\tan x}$（其中 $x>0$）的导数。

5. 由方程 $xy+e^{xy}+y=2$ 确定 y 是 x 的函数，求 $\dfrac{dy}{dx}\bigg|_{x=0}$。

6. 设 $y=f(x)$ 由参数方程 $\begin{cases} x=\ln(1+t^2) \\ y=\arctan t \end{cases}$ 所确定，求 $\dfrac{dy}{dx}$。

7. 求 $y=\left(\dfrac{a}{b}\right)^x\left(\dfrac{b}{x}\right)^a\left(\dfrac{x}{a}\right)^b$（其中 $a>0, b>0, \dfrac{a}{b}\neq 1$）的微分。

8. 设 $f(x)=x^3+ax^2+bx$ 在 $x=-1$ 取得极小值 -2。
(1) 求常数 a 和 b；(2) 求 $f(x)$ 的极大值。

9. 设 $y^{(n-2)} = \dfrac{x}{\ln x}$,求 $y^{(n)}$。

10. 求曲线 $y = \dfrac{x}{1+x^2}$ 的凹凸区间及拐点。

第一学期期末测试试卷（B卷）

一、单项选择题（每题 2 分，共 40 分）

1. 不等式 $|x^2-3x+2|>x^2-3x+2$ 的解是（　　）。
   A. $2<x<3$　　　　B. $-1<x<-2$　　　　C. $1<x<2$　　　　D. $0<x<1$

2. 点 x_0 的 δ 邻域（$\delta>0$）指的是（　　）。
   A. $(x_0-\delta, x_0+\delta)$　　B. $[x_0-\delta, x_0+\delta]$　　C. $(x_0-\delta, x_0+\delta]$　　D. $[x_0-\delta, x_0+\delta)$

3. 函数 $f(x)=\sqrt{x+2}+\ln(3-x)$ 的定义域是（　　）。
   A. $[-3,2]$　　　　B. $[-3,2)$　　　　C. $[-2,3]$　　　　D. $[-2,3)$

4. 下列各对函数中，是相同函数的是（　　）。
   A. $f(x)=\ln x^2, g(x)=2\ln x$　　　　B. $f(x)=\sqrt{x^2}, g(x)=|x|$
   C. $f(x)=\sqrt{1-\sin^2 x}, g(x)=\cos x$　　　　D. $f(x)=\dfrac{x^2}{x}, g(x)=x$

5. 函数 $f(x)$ 的定义域是 $(-a,a)$，$(a>0)$，则下列函数是奇函数的是（　　）。
   A. $f(x)+f(-x)$　　B. $f(x)-f(-x)$　　C. $f(x)f(-x)$　　D. $f(-x)$

6. 函数 $y=\tan 2x$ 的最小正周期是（　　）。
   A. π　　　　B. 2π　　　　C. $\dfrac{\pi}{2}$　　　　D. $\dfrac{\pi}{4}$

7. 当 $x\to\infty$ 时，下列变量中是无穷小的是（　　）。
   A. $x\sin\dfrac{1}{x}$　　B. $\dfrac{\sin x}{x}$　　C. $\arctan x$　　D. $e^{\frac{1}{x}}$

8. 极限 $\lim\limits_{x\to\infty}\left(1+\dfrac{3}{x}\right)^x=$（　　）。
   A. e　　　　B. e^{-1}　　　　C. e^{-3}　　　　D. e^3

9. 当 $x\to 0$ 时，下列函数与 x^2 是等价无穷小的是（　　）。
   A. $\sin 2x$　　B. $\arctan^2 x$　　C. $1-\cos x$　　D. $\ln(2+x^2)$

10. 函数 $y=f(x)$ 在点 $x=x_0$ 处有定义是它在该点处连续的（　　）条件。
    A. 必要　　　　B. 充分　　　　C. 充要　　　　D. 无关

11. 设函数 $f(x)=\begin{cases}e^x, & x<0\\ x^2+2a, & x\geq 0\end{cases}$ 在点 $x=0$ 连续，则 $a=$（　　）。
    A. 0　　　　B. 1　　　　C. -1　　　　D. $\dfrac{1}{2}$

12. 函数 $f(x)=\dfrac{x^3+3x^2-x-3}{x^2+x-6}$ 的间断点的个数是（　　）。
    A. 0　　　　B. 1　　　　C. 2　　　　D. 3

13. 设 $f(x)$ 为可导函数，且 $\lim\limits_{\Delta x\to 0}\dfrac{f(x_0+\Delta x)-f(x_0)}{2\Delta x}=1$，则 $f'(x_0)=$（　　）。
    A. 1　　　　B. 0　　　　C. 2　　　　D. $\dfrac{1}{2}$

14. 函数 $f(x)=\begin{cases} x^2\sin\dfrac{1}{x}, & x\neq 0 \\ 0, & x=0 \end{cases}$ 在 $x=0$ 处（　　）。

A. 连续但不可导　　B. 连续且可导　　C. 不连续　　D. 无极限

15. 设 $y=e^{-\frac{1}{x}}$，则 $dy=$（　　）。

A. $e^{-\frac{1}{x}}dx$　　B. $-e^{-\frac{1}{x}}dx$　　C. $-\dfrac{1}{x^2}e^{-\frac{1}{x}}dx$　　D. $\dfrac{1}{x^2}e^{-\frac{1}{x}}dx$

16. 下列函数中，在区间 $[-1,1]$ 上满足罗尔定理条件的是（　　）。

A. $\ln x^2$　　B. $1+x^3$　　C. $|x|$　　D. $\sin x^2$

17. 函数 $f(x)=x^3-9x^2+15x+3$ 的单调递增区间是（　　）。

A. $(-\infty,1]$　　B. $[1,5]$

C. $[5,+\infty)$　　D. $(-\infty,1]$ 或 $[5,+\infty)$

18. 设 $y=\sin x$，则 $y^{(2015)}\left(\dfrac{\pi}{2}\right)=$（　　）。

A. 1　　B. 0　　C. -1　　D. $\dfrac{\pi}{2}$

19. 若 $f(x)$ 为可微函数，则当 $\Delta x\to 0$ 时，在点 x 处 Δy 与 dy 是（　　）。

A. 高阶无穷小　　B. 等价无穷小　　C. 低阶无穷小　　D. 同阶无穷小

20. 曲线 $y=x^3(1-x)$ 的拐点是（　　）。

A. $(1,0)$　　B. $(-1,-2)$　　C. $(2,-8)$　　D. $\left(\dfrac{1}{2},\dfrac{1}{16}\right)$

二、填空题（每题 2 分，共 20 分）

21. 函数 $f(x)$ 的定义域是 $[0,1]$，$\varphi(x)=\ln x$，则复合函数 $f[\varphi(x)]$ 的定义域是_____。

22. 极限 $\lim\limits_{x\to 0}\dfrac{\sin 2x}{x}=$_____。

23. 函数 $y=\sqrt{\ln\sin^3 x}$ 由_____复合而成。

24. 函数 $y=\dfrac{x+1}{x^2-2x-3}$ 的可去间断点是_____。

25. 曲线 $y=x^2+1$ 在点 $(1,2)$ 处的切线方程为_____。

26. 函数 $y=\ln\sin x$ 的一阶导数是_____。

27. 设 $\begin{cases} x=\sin t \\ y=\cos 2t \end{cases}$，则 $\left.\dfrac{dy}{dx}\right|_{t=\frac{\pi}{4}}=$_____。

28. 已知 $x=4$ 是函数 $f(x)=x^2+px+q$ 的极值点，则 $p=$_____。

29. 函数 $f(x)=4x^3$ 在区间 $[0,1]$ 上满足拉格朗日中值定理的 $\xi=$_____。

30. 函数 $f(x)=x^3-3x$ 的单调减少区间为_____。

三、计算题（每题 8 分，共 40 分）

31. 证明三角不等式：$|x|-|y|\leqslant|x-y|\leqslant|x|+|y|$。

32. 计算：$\lim\limits_{x \to 1} \left(\dfrac{1}{\ln x} - \dfrac{1}{x-1} \right)$。

33. 计算：$\lim\limits_{x \to 0} \dfrac{\ln(1+x+2x^2) + \ln(1-x+x^2)}{\sec x - \cos x}$。

34. 函数 $y = f(x)$ 是由方程 $y^2 - 3xy + x^3 = 1$ 所确定的隐函数，求 y'。

35. 求函数 $y = 3x^2 - 12x + 4$ 的单调区间和极值。

第一学期期末测试试卷(A 卷)参考答案

一、填空题

1. 0   2. e^2 3. $\dfrac{1}{2}$ 4. $\dfrac{62}{3}$ 5. $\dfrac{\sqrt{3}}{6}$

二、单项选择题

1—5：ABBBC   6—10：BBAAD   11—15：ABDAC

三、计算题

1. 解：$\lim\limits_{x\to\infty}\left(\dfrac{x+2a}{x-a}\right)^x = \dfrac{\lim\limits_{x\to\infty}\left(1+\dfrac{2a}{x}\right)^x}{\lim\limits_{x\to\infty}\left(1+\dfrac{-a}{x}\right)^x} = \dfrac{\lim\limits_{x\to\infty}\left(1+\dfrac{2a}{x}\right)^{\frac{x}{2a}\cdot 2a}}{\lim\limits_{x\to\infty}\left(1+\dfrac{-a}{x}\right)^{\frac{x}{-a}\cdot(-a)}} = \dfrac{e^{2a}}{e^{-a}} = e^{3a}$

   $\Rightarrow e^{3a} = 8$，则 $a = \ln 2$。

2. 解：原式 $= \lim\limits_{x\to 0}\dfrac{x^2-\sin^2 x}{x^2\sin^2 x} = \lim\limits_{x\to 0}\dfrac{x^2-\sin^2 x}{x^4}$

   $= \lim\limits_{x\to 0}\dfrac{2x-\sin(2x)}{4x^3} = \lim\limits_{x\to 0}\dfrac{2-2\cos(2x)}{12x^2}$

   $= \lim\limits_{x\to 0}\dfrac{1-\cos(2x)}{6x^2} = \lim\limits_{x\to 0}\dfrac{\frac{1}{2}(2x)^2}{6x^2} = \dfrac{1}{3}$。

3. 解：$f'(1) = \lim\limits_{x\to 1}\dfrac{f(x)-f(1)}{x-1} = \lim\limits_{x\to 1}\dfrac{x\ln x-x+1}{(x-1)^2}$

   $= \lim\limits_{x\to 1}\dfrac{\ln x}{2(x-1)} = \lim\limits_{x\to 1}\dfrac{1}{2x} = \dfrac{1}{2}$。

4. 解：$\ln y = \tan x \cdot \ln x$，两边同时对 x 求导，得

$$\dfrac{y'}{y} = \sec^2 x \cdot \ln x + \dfrac{\tan x}{x},$$

所以 $$y' = \left(\sec^2 x \cdot \ln x + \dfrac{\tan x}{x}\right)x^{\tan x}$$。

5. 解：当 $x=0$ 时，$y=1$. 方程两边同时对 x 求导，得

$$y + x\dfrac{dy}{dx} + e^{xy}\left(y + x\dfrac{dy}{dx}\right) + \dfrac{dy}{dx} = 0,$$

则 $$\left.\dfrac{dy}{dx}\right|_{x=0} = -2$$。

6. 解：$dx = \dfrac{2t}{1+t^2}dt$，$dy = \dfrac{1}{1+t^2}dt$，$\dfrac{dy}{dx} = \dfrac{1}{2t}$。

7. 解：$dy = y'dx$，其中

$y' = \left(\dfrac{a}{b}\right)^x\left(\dfrac{b}{x}\right)^a\left(\dfrac{x}{a}\right)^b\ln\dfrac{a}{b} - ab\left(\dfrac{a}{b}\right)^x\left(\dfrac{b}{x}\right)^{a-1}\left(\dfrac{x}{a}\right)^b\dfrac{1}{x^2} + \dfrac{b}{a}\left(\dfrac{a}{b}\right)^x\left(\dfrac{b}{x}\right)^a\left(\dfrac{x}{a}\right)^{b-1}$。

8. 解：(1) $f(-1) = -2$，有 $a - b = -1$。

   $f'(x) = 3x^2 + 2ax + b$，$f'(-1) = 0$，有 $2a - b = 3$。解得 $a = 4, b = 5$。

(2) $f(x)=x^3+4x^2+5x, f'(x)=3x^2+8x+5$,

由 $f'(x)=0$ 有驻点为 $x=-1,-\dfrac{5}{3}$

$f''(x)=6x+8, f''\left(-\dfrac{5}{3}\right)=-2<0$,极大值 $f\left(-\dfrac{5}{3}\right)=-\dfrac{50}{27}$。

9. 解:$y^{(n-1)}=\dfrac{\ln x-1}{(\ln x)^2}, y^{(n)}=\dfrac{\dfrac{(\ln x)^2}{x}-2(\ln x-1)\dfrac{\ln x}{x}}{(\ln x)^4}=\dfrac{2-\ln x}{x(\ln x)^3}$。

10. 解:$y'=\dfrac{1-x^2}{(1+x^2)^2}, y''=\dfrac{2x(x^2-3)}{(1+x^2)^3}$,拐点为 $(0,0), \left(-\sqrt{3},-\dfrac{\sqrt{3}}{4}\right), \left(\sqrt{3},\dfrac{\sqrt{3}}{4}\right)$。

第一学期期末测试试卷(B卷)参考答案

一、单项选择题

1—5:CCCBB   6—10:CBDBA   11—15:DCCBD   16—20:DDBBD

二、填空题

21. $[1,e]$ 22. 2 23. $u=\sin x, v=\ln u, y=\sqrt{v}$

24. $x=-1$ 25. $y=2x$ 26. $y'=\cot x$ 27. $-2\sqrt{2}$

28. -8 29. $\dfrac{\sqrt{3}}{3}$ 30. $[-1,1]$

三、解答题

31. 证明：
$$\left.\begin{array}{l} -|y|\leqslant y\leqslant |y| \Rightarrow -|y|\leqslant -y\leqslant |y| \\ -|x|\leqslant x\leqslant |x| \end{array}\right\} \Rightarrow -(|x|+|y|)\leqslant x+y\leqslant (|x|+|y|)$$

$$\Rightarrow |x-y|\leqslant |x|+|y| \qquad \qquad \text{①}$$

$$\Rightarrow |(x-y)-(-y)|\leqslant |x-y|+|-y|$$

$$\Rightarrow |x|\leqslant |x-y|+|y| \Rightarrow |x|-|y|\leqslant |x-y| \qquad \text{②}$$

由式①和式②可知，$|x|-|y|\leqslant |x-y|\leqslant |x|+|y|$。

32. 解：$\lim\limits_{x\to 1}\left(\dfrac{1}{\ln x}-\dfrac{1}{x-1}\right) = \lim\limits_{x\to 1}\dfrac{x-1-\ln x}{\ln x \cdot (x-1)} = \lim\limits_{x\to 1}\dfrac{1-\dfrac{1}{x}}{\dfrac{1}{x}\cdot(x-1)+\ln x}$

$= \lim\limits_{x\to 1}\dfrac{x-1}{(x-1)+x\cdot\ln x} = \lim\limits_{x\to 1}\dfrac{1}{1+\ln x+x\cdot\dfrac{1}{x}}$

$= \lim\limits_{x\to 1}\dfrac{1}{2+\ln x} = \dfrac{1}{2}$。

33. 解：$\lim\limits_{x\to 0}\dfrac{\ln(1+x+2x^2)+\ln(1-x+x^2)}{\sec x-\cos x} = \lim\limits_{x\to 0}\dfrac{\ln[(1+x+2x^2)\cdot(1-x+x^2)]}{\dfrac{1}{\cos x}-\cos x}$

$= \lim\limits_{x\to 0}\dfrac{\cos x\cdot\ln[1+(2x^2-x^3+2x^4)]}{1-\cos^2 x}$

$= \lim\limits_{x\to 0}\dfrac{\cos x\cdot\ln[1+(2x^2-x^3+2x^4)]}{\sin^2 x}$

$= \lim\limits_{x\to 0}\dfrac{\cos x\cdot(2x^2-x^3+2x^4)}{x^2}$

$= \lim\cos x\cdot(2-x+2x^2)=2$。

34. 解：方程两边同时对自变量 x 求导有

$$2yy'-(3y+3xy')+3x^2=0$$

$$\Rightarrow y'=\dfrac{3y-3x^2}{2y-3x}$$。

35. 解：函数的定义域为 $\mathbf{R}$，$y'=6x-12=0 \Rightarrow x=2$，当 $x>2$ 时，$y'>0$；当 $x<2$ 时，$y'<0$。因此，函数的单调增加区间为 $[2,+\infty)$，单调减少区间为 $(-\infty,2]$，函数在 $x=2$ 处取得极小值为 $y(2)=-8$。

第五章 不定积分

> 学习如果想有成效,就必须专心。学习本身是一件艰苦的事,只有付出艰苦的劳动,才会有相应的收获。
>
> ——谷超豪

谷超豪(1926 年 5 月 15 日—2012 年 6 月 24 日),浙江温州人,数学家,中国科学院学部委员(院士),2009 年度国家最高科学技术奖获得者。曾担任复旦大学副校长、中国科技大学校长、温州大学校长等职务。

谷超豪主要从事偏微分方程、微分几何、数学物理等方面的研究和教学工作,在一般空间微分几何学、齐性黎曼空间、无限维变换拟群、双曲型和混合型偏微分方程、规范场理论、调和映照和孤立子理论等方面取得了系统、重要的研究成果,特别是首次提出了高维、高阶混合型方程的系统理论,在超音速绕流的数学问题、规范场的数学结构、波映照和高维时空的孤立子的研究中取得了重要的突破。

一、基本要求

1. 理解原函数与不定积分的概念,了解不定积分的性质。
2. 熟悉不定积分的基本公式,掌握不定积分的换元积分法和分部积分法。
3. 掌握较简单的有理函数的积分。

二、内容概要

(一)不定积分的定义

定义 1 如果在区间 I 上,函数 $F(x)$ 与 $f(x)$ 满足关系式
$$F'(x) = f(x) \text{ 或 } dF(x) = f(x)dx,$$
则称 $F(x)$ 是 $f(x)$ 在区间 I 上的一个原函数。

定理 1 如果函数 $f(x)$ 在区间 I 上连续,则 $f(x)$ 在区间 I 上一定有原函数。

定理 2 如果 $F(x)$ 是 $f(x)$ 在区间 I 上的一个原函数,则 $f(x) + C$ 是 $f(x)$ 的所有原函数,其中 C 是任意常数。

定义 2 函数 $f(x)$ 的全体原函数称为 $f(x)$ 的不定积分,记作 $\int f(x)dx$,即
$$\int f(x)dx = F(x) + C。$$

(二)不定积分的性质

性质 1 $\left(\int f(x)dx\right)' = f(x)$ 或 $d\int f(x)dx = f(x)dx$。

性质 2 $\int f'(x)dx = f(x) + C$ 或 $\int df(x) = f(x) + C$。

性质 3 $\int kf(x)dx = k\int f(x)dx$ (k 为非零常数)。

性质 4 $\int [f(x) \pm g(x)]dx = \int f(x)dx \pm \int g(x)dx$。

(三) 基本积分公式

$\int 0 dx = C$	$\int dx = x + C$
$\int x^\mu dx = \frac{1}{\mu+1}x^{\mu+1} + C$ ($\mu \neq -1$)	$\int \frac{1}{x}dx = \ln|x| + C$
$\int e^x dx = e^x + C$	$\int a^x dx = \frac{a^x}{\ln a} + C$
$\int \cos x dx = \sin x + C$	$\int \sin x dx = -\cos x + C$
$\int \frac{1}{\cos^2 x}dx = \int \sec^2 x dx = \tan x + C$	$\int \frac{1}{\sin^2 x}dx = \int \csc^2 x dx = -\cot x + C$
$\int \sec x \tan x dx = \sec x + C$	$\int \csc x \cot x dx = -\csc x + C$
$\int \frac{dx}{\sqrt{1-x^2}} = \arcsin x + C$	$\int \frac{dx}{1+x^2} = \arctan x + C$

(四) 换元积分法

1. 第一类换元法

定理 3 设 $F(u)$ 为 $f(u)$ 的原函数,$u = \varphi(x)$ 可导,则
$$\int f[\varphi(x)]\varphi'(x)dx = F[\varphi(x)] + C \text{。}$$

2. 第二类换元法

定理 4 设 $x = \varphi(t)$ 单调、可导,且 $\varphi'(t) \neq 0$,如果 $\int f[\varphi(t)]\varphi'(t)dt = F(t) + C$,则
$$\int f(x)dx = F[\varphi^{-1}(x)] + C\text{。}$$

三角代换	(1) 被积函数含有 $\sqrt{a^2-x^2}$,令 $x = a\sin t$ 或 $x = a\cos t$。 (2) 被积函数含有 $\sqrt{a^2+x^2}$,令 $x = a\tan t$ 或 $x = a\cot t$。 (3) 被积函数含有 $\sqrt{x^2-a^2}$,令 $x = a\sec t$ 或 $x = a\csc t$
倒代换	令 $x = \frac{1}{t}$
根式代换	(1) 被积函数含有 $\sqrt[n]{ax+b}$,令 $t = \sqrt[n]{ax+b}$。 (2) 被积函数含有 $\sqrt[m]{ax+b}$ 和 $\sqrt[n]{ax+b}$,令 $t = \sqrt[p]{ax+b}$,其中 p 是 m,n 的最小公倍数

(五) 分部积分法

定理 5 设 $u = u(x)$ 及 $v = v(x)$ 具有连续导数,则

$$\int u\,dv = uv - \int v\,du \text{。}$$

(六) 特殊类型函数的积分

1. 有理函数的积分

一个真分式总可以按照分母的因式，将其化为若干个最简单的分式之和。

(1) 若分母有 k 重一次因式 $(x-a)^k$，则最简分式中有如下的 k 项之和：

$$\frac{A_1}{x-a} + \frac{A_2}{(x-a)^2} + \cdots + \frac{A_k}{(x-a)^k};$$

(2) 若分母有 μ 重二次因式 $x^2+px+q(p^2-4q<0)$，则最简分式中有如下的 μ 项之和：

$$\frac{M_1 x + N_1}{x^2+px+q} + \frac{M_2 x + N_2}{(x^2+px+q)^2} + \cdots + \frac{M_\mu x + N_\mu}{(x^2+px+q)^\mu} \text{。}$$

先将有理真分式函数化为最简单的分式之和，然后再计算积分。

2. 三角函数有理式的积分

三角函数有理式的积分可用万能代换化为有理函数的积分，再按照有理函数的积分法就可得到结果，即令 $t = \tan\dfrac{x}{2}$，则 $dx = \dfrac{2}{1+t^2}dt$，于是 $\sin x = \dfrac{2t}{1+t^2}$，$\cos x\ \dfrac{1-t^2}{1+t^2}$。

三、同步练习

专题一：不定积分的概念与性质

1. 函数 $e^x \cos x$ 是函数（　　）的原函数。
   A. $-e^x \sin x$　　　　　　　　　　B. $e^x(\cos x - \sin x)$
   C. $e^x \sin x$　　　　　　　　　　　D. $e^x(\cos x + \sin x)$

2. 若 $f(x)$ 的一个原函数是 $\dfrac{1}{x}$，则 $f'(x) = $（　　）。
   A. $-\dfrac{1}{x^2}$　　　　B. $\dfrac{2}{x^3}$　　　　C. $\ln|x|$　　　　D. $\dfrac{1}{x}$

3. 若 $f(x)$ 的导数是 $4e^{2x}$，则下列函数中成为 $f(x)$ 的原函数的是（　　）。
   A. e^{2x}　　　　　B. $4e^{2x}$　　　　C. $2e^{2x}$　　　　D. $\dfrac{1}{2}e^{2x}$

4. 下列函数中，不是 $\sin 2x$ 的原函数的是（　　）。
   A. $-\dfrac{1}{2}\cos 2x$　　　B. $\sin^2 x$　　　C. $-\cos^2 x$　　　D. $\dfrac{1}{2}\sin^2 x$

5. 若 $f(x)$ 的一个原函数是 $x^2 e^{\frac{1}{x}}$，则 $f(x) = $（　　）。
   A. $(2x-1)e^{\frac{1}{x}}$　　B. $2x - e^{\frac{1}{x}}$　　C. $(2x+1)e^{\frac{1}{x}}$　　D. $2x e^{\frac{1}{x}}$

6. 下列函数中，是同一函数的原函数的是（　　）。
   A. $\dfrac{2^x}{\ln 2}$ 与 $2^x + \log_2 e$　　　　　　B. $\arcsin x$ 与 $\arccos x$
   C. $\arctan x$ 与 $-\operatorname{arccot} x$　　　　　　D. $\ln(5+x)$ 与 $\ln 5 + \ln x$

7. 若 $\cos^2 x$ 是 $f(x)$ 的原函数，则另一个原函数是（　　）。
   A. $-\sin^2 x$　　　B. $\sin^2 x$　　　C. $\sin 2x$　　　D. $\cos 2x$

8. $f(x)$ 在某区间内具备条件( )，就可保证它的原函数一定存在。
   A. 极限存在 B. 连续 C. 有界 D. 有有限个间断点

9. 下列函数中，是同一函数的原函数的是( )。
   A. $\frac{1}{2}\sin^2 x$ 与 $\frac{1}{4}\cos 2x$
   B. $\ln|\ln x|$ 与 $2\ln x$
   C. $\frac{1}{2}\sin^2 x$ 与 $-\frac{1}{4}\cos 2x$
   D. $\tan^2 \frac{x}{2}$ 与 $\csc^2 \frac{x}{2}$

10. $\int \frac{1}{2x}dx = ($)。
    A. $\ln|2x|+C$ B. $\frac{1}{2}\ln|2x|+C$ C. $\frac{1}{2}\ln|2x|$ D. $\ln|2x|$

11. 函数 $f(x)=\sqrt{2x}$ 是函数 $g(x)=\frac{1}{\sqrt{2x}}$ 的( )。
    A. 反函数 B. 导数 C. 原函数 D. 不定积分

12. $\int f(x)dx = F(x)+C$，则 $f(x) = ($)。
    A. $F'(x)$ B. $F'(x)+C$ C. $F''(x)$ D. $F(x)$

13. 在可积函数 $f(x)$ 的积分曲线中，每一条曲线在横坐标相同的点上的切线( )。
    A. 平行于 x 轴 B. 平行于 y 轴 C. 相互垂直 D. 相互平行

14. $\int f(x)dx = \frac{\ln x}{x}+C$，则 $f(x) = ($)。
    A. $\ln|\ln x|$ B. $\frac{\ln x}{x}$ C. $\frac{1-\ln x}{x^2}$ D. $\ln^2 x$

15. 设 $a>0$，函数 $f(x)=a^x, g(x)=a^x \log_a e$，则( )。
    A. $f(x)$ 是 $g(x)$ 的导数
    B. $g(x)$ 是 $f(x)$ 的导数
    C. $f(x)$ 是 $g(x)$ 的原函数
    D. $g(x)$ 是 $f(x)$ 的不定积分

16. 若 $f(x)$ 的一个原函数是 $\cos 2x$，则 $\int f'(x)dx = ($)。
    A. $\cos 2x$ B. $\cos 2x+C$ C. $-2\sin 2x+C$ D. $-2\sin 2x$

17. $\int (\arccos x)'dx = ($)。
    A. $\arccos x+C$ B. $\arccos x$ C. $\frac{1}{\sqrt{1-x^2}}$ D. $-\frac{1}{\sqrt{1-x^2}}+C$

18. $\int f(x)dx = \frac{3}{4}\ln(\sin 4x)+C$，则 $f(x) = ($)。
    A. $\cot 4x$ B. $-\cot 4x$ C. $-3\cot 4x$ D. $3\cot 4x$

19. $d\int f\left(\frac{1}{x}\right)dx = ($)。
    A. $f(x)dx$ B. $-\frac{1}{x^2}f(x)dx$ C. $-\frac{1}{x^2}f\left(\frac{1}{x}\right)dx$ D. $f\left(\frac{1}{x}\right)dx$

20. $\int e^x f(x)dx = e^x \sin x+C$，则 $\int f(x)dx = ($)。
    A. $\sin x+C$
    B. $\cos x+C$
    C. $-\cos x+\sin x+C$
    D. $\cos x+\sin x+C$

21. 如果 $\int df(x) = \int dg(x)$，则下式中不一定成立的是（　　）。

A. $f(x) = g(x)$
B. $f'(x) = g'(x)$
C. $df(x) = dg(x)$
D. $d\int f'(x)dx = d\int g'(x)dx$

22. 下列等式成立的是（　　）。

A. $\int e^{-x}dx = e^{-x} + C$
B. $\int \ln x\,dx = \dfrac{1}{x} + C$
C. $\int \cos^2 x\,dx = \dfrac{1}{3}\cos^3 x + C$
D. $\int \sin 2x\,dx = \sin^2 x + C$

23. $\left(\int \arcsin x\,dx\right)' = ($　　$)$。

A. $\dfrac{1}{\sqrt{1-x^2}} + C$
B. $\dfrac{1}{\sqrt{1-x^2}}$
C. $\arcsin x + C$
D. $\arcsin x$

24. $\int \dfrac{e^x - 1}{e^x + 1}dx = ($　　$)$。

A. $\ln(e^x - 1) + C$
B. $\ln(e^x + 1) + C$
C. $2\ln(e^x + 1) - x + C$
D. $x - 2\ln(e^x + 1) + C$

25. 已知 $F'(x) = f(x)$，且 $f(x)$ 连续，则下式中正确的是（　　）。

A. $\int F(x)dx = f(x) + C$
B. $\dfrac{d}{dx}\int F(x)dx = f(x) + C$
C. $\int f(x)dx = F(x) + C$
D. $\dfrac{d}{dx}\int F(x)dx = f(x)$

26. 下列等式成立的是（　　）。

A. $\int x^a dx = \dfrac{1}{a+1}x^{a-1} + C$
B. $\int a^x dx = a^x \ln x + C$
C. $\int \cos x\,dx = \sin x + C$
D. $\int \tan x\,dx = \dfrac{1}{1+x^2} + C$

27. $\dfrac{d}{dx}\int xf(x^2)dx = ($　　$)$。

A. $xf(x^2)$
B. $\dfrac{1}{2}f(x)dx$
C. $\dfrac{1}{2}f(x)$
D. $xf(x^2)dx$

28. $\int x^2\sqrt{x}\,dx = ($　　$)$。

A. $\dfrac{2}{9}x^{\frac{9}{2}} + C$
B. $\dfrac{2}{7}x^{\frac{7}{2}} + C$
C. $\dfrac{2}{9}x^{\frac{9}{2}}$
D. $\dfrac{2}{7}x^{\frac{7}{2}}$

29. 幂函数的原函数一定是（　　）。

A. 幂函数
B. 指数函数
C. 对数函数
D. 幂函数或对数函数

30. $\int \dfrac{1}{\sqrt{1-x^2}}dx = ($　　$)$。

A. $\dfrac{1}{\sqrt{1-x^2}}$
B. $\dfrac{1}{\sqrt{1-x^2}} + C$
C. $\arcsin x$
D. $\arcsin x + C$

专题二：换元积分法

31. $\int \left(\dfrac{1}{\sin^2 x} + 1\right) d(\sin x) = ($ $)$。

  A. $-\cot x + x + C$ B. $-\cot x + \sin x + C$
  C. $-\csc x + x + C$ D. $-\csc x + \sin x + C$

32. $\int (2x-3)^{10} dx = ($ $)$。

  A. $10(2x-3)^9 + C$ B. $20(2x-3)^9 + C$
  C. $\dfrac{1}{22}(2x-3)^{11} + C$ D. $\dfrac{1}{11}(2x-3)^{11} + C$

33. $\int \dfrac{dx}{1+\cos x} = ($ $)$。

  A. $\tan x - \sec x + C$ B. $-\cot x + \csc x$
  C. $\tan \dfrac{x}{2} + C$ D. $\tan\left(\dfrac{x}{2} - \dfrac{\pi}{4}\right)$

34. $\int \dfrac{f'(x)}{1+f^2(x)} dx = ($ $)$。

  A. $\ln|1+f(x)| + C$ B. $\arctan f(x) + C$
  C. $\dfrac{1}{2}\ln|1+f(x)| + C$ D. $\dfrac{1}{2}\arctan f(x) + C$

35. 下列函数中，是 $x\cos x^2$ 的原函数的是（ ）。

  A. $\dfrac{1}{2}\sin x^2$ B. $2\sin x^2$ C. $-2\sin x^2$ D. $-\dfrac{1}{2}\sin x^2$

36. $\int \dfrac{1}{1-2x} dx = ($ $)$。

  A. $-\dfrac{1}{2}\ln|1-2x| + C$ B. $2\ln|1-2x| + C$
  C. $\dfrac{1}{2}\ln|1-2x| + C$ D. $\ln|1-2x| + C$

37. 若 $F(x)$ 是 $f(x)$ 的一个原函数，则 $\int f(3x) dx = ($ $)$。

  A. $\dfrac{1}{3}F(x) + C$ B. $3F(x) + C$ C. $\dfrac{1}{3}F(3x) + C$ D. $3F(3x) + C$

38. $\int \dfrac{1}{4+9x^2} dx = ($ $)$。

  A. $\dfrac{1}{6}\arctan\left(\dfrac{3}{2}x\right) + C$ B. $\dfrac{1}{6}\arctan\left(\dfrac{2}{3}x\right) + C$
  C. $\arctan\left(\dfrac{3}{2}x\right) + C$ D. $\arctan\left(\dfrac{2}{3}x\right) + C$

39. 下列等式成立的是（ ）。

  A. $\ln x\, dx = d\left(\dfrac{1}{x}\right)$ B. $\dfrac{1}{x} dx = -d\left(\dfrac{1}{x^2}\right)$
  C. $\cos x\, dx = d\sin x$ D. $\dfrac{1}{x^2} dx = d\dfrac{1}{x}$

40. $\int \dfrac{1}{x^2} \sec^2 \dfrac{1}{x} \mathrm{d}x = (\quad)$。

A. $\tan \dfrac{1}{x} + C$ B. $-\tan \dfrac{1}{x} + C$ C. $\cot \dfrac{1}{x} + C$ D. $-\cot \dfrac{1}{x} + C$

41. $\int \dfrac{1}{2x(x+2)} \mathrm{d}x = (\quad)$。

A. $\ln|x| - \ln|x+2| + C$ B. $\dfrac{1}{2}(\ln|x| - \ln|x+2|) + C$

C. $\dfrac{1}{4}(\ln|x| - \ln|x+2|) + C$ D. $\ln|x + \ln|x+2|| + C$

42. 若 $F(x)$ 是 $f(x)$ 的一个原函数，则 $\int \sin x f(\cos x) \mathrm{d}x = (\quad)$。

A. $F(\sin x) + C$ B. $-F(\sin x) + C$ C. $F(\cos x) + C$ D. $-F(\cos x) + C$

43. 下列等式成立的是( )。

A. $2x \mathrm{e}^{x^2} \mathrm{d}x = \mathrm{d}\mathrm{e}^{x^2}$ B. $\dfrac{1}{1+x} \mathrm{d}x = \mathrm{d}(\ln x + 1)$

C. $\arctan x \mathrm{d}x = \mathrm{d}\dfrac{1}{1+x^2}$ D. $\cos 2x \mathrm{d}x = \mathrm{d}\sin 2x$

44. $\int x\sqrt{1+x^2} \mathrm{d}x = (\quad)$。

A. $\dfrac{1}{3}(1+x^2)^{\frac{3}{2}} + C$ B. $\dfrac{2}{3}(1+x^2)^{\frac{3}{2}} + C$

C. $\dfrac{3}{2}(1+x^2)^{\frac{3}{2}} + C$ D. $3(1+x^2)^{\frac{3}{2}} + C$

45. $\int \dfrac{\mathrm{d}x}{x^2 - 4x + 3} = (\quad)$。

A. $\dfrac{1}{2} \ln \left| \dfrac{x-3}{x-1} \right| + C$ B. $\ln \left| \dfrac{x-1}{x-3} \right| + C$

C. $\ln(x-3) - \ln(x-1) + C$ D. $\ln(x-1) - \ln(x-3) + C$

46. 若 $F(x)$ 是 $f(x)$ 的一个原函数，则 $\int \mathrm{e}^{-x} f(\mathrm{e}^{-x}) \mathrm{d}x = (\quad)$。

A. $F(\mathrm{e}^{-x}) + C$ B. $-F(\mathrm{e}^{-x}) + C$ C. $F(\mathrm{e}^x) + C$ D. $-F(\mathrm{e}^x) + C$

47. 设 $f'(\tan^2 x) = \dfrac{1}{\cos^2 x}$，且 $f(0) = 0$，则 $f(x) = (\quad)$。

A. $\cos x + \dfrac{1}{2} \cos^2 x$ B. $\cos^2 x - \dfrac{1}{2} \cos^4 x$ C. $x + \dfrac{1}{2} x^2$ D. $x - \dfrac{1}{2} x^2$

48. 若 $\int \dfrac{f'(\ln x)}{x} \mathrm{d}x = x + C$，则 $f(x) = (\quad)$。

A. $x + C$ B. $\mathrm{e}^x + C$ C. $\mathrm{e}^{-x} + C$ D. $\ln x + C$

专题三：分部积分法

49. $\int \ln(2x) \mathrm{d}x = (\quad)$。

A. $2x \ln 2x - 2x + C$ B. $2x \ln 2 + \ln x + C$

C. $x \ln 2x - x + C$ D. $\dfrac{1}{2}(x-1) \ln x + C$

50. $\int e^{\sin x}\sin x\cos x\,dx = ($ $)$。

A. $e^{\sin x}+C$
B. $e^{\sin x}\cos x+C$
C. $e^{\sin x}\sin x+C$
D. $e^{\sin x}(\sin x-1)+C$

51. 设 $f(x)$ 的一个原函数是 $\sin x$,则 $\int xf'(x)dx = ($ $)$。

A. $x\cos x-\sin x+C$
B. $x\sin x+\cos x+C$
C. $x\cos x+\sin x+C$
D. $x\sin x-\cos x+C$

52. $\int \dfrac{\ln x}{x^2}dx = ($ $)$。

A. $\dfrac{1}{x}\ln x+\dfrac{1}{x}+C$
B. $-\dfrac{1}{x}\ln x-\dfrac{1}{x}+C$
C. $\dfrac{1}{x}\ln x-\dfrac{1}{x}+C$
D. $-\dfrac{1}{x}\ln x+\dfrac{1}{x}+C$

53. 设 e^{-x} 是 $f(x)$ 的一个原函数,则 $\int xf(x)dx = ($ $)$。

A. $e^{-x}(1-x)+C$
B. $e^{-x}(x+1)+C$
C. $e^{-x}(x-1)+C$
D. $-e^{-x}(x+1)+C$

四、章节检测

章节检测试卷(A 卷)

(一)填空题(每空 3 分,共 15 分)

1. 如果 $\int f(x)dx = 3x^2+x+C$,则 $f(x) = $ _____。

2. $\int e^x \sin(1+e^x)dx = $ _____。

3. 已知曲线上任意一点 (x,y) 处的切线斜率为 $\dfrac{1}{2}(e^{\frac{x}{a}}-e^{-\frac{x}{a}})$,并且曲线过点 $(0,a)$,则该曲线的方程是 _____。

4. $\int x\ln x\,dx = $ _____。

5. 分解有理分式 $\dfrac{2x^2+2x+13}{(x-2)(x^2+1)^2}$ 为部分分式之和 _____。

(二)单项选择题(每题 3 分,共 15 分)

1. 如果函数 $F(x)$ 与 $G(x)$ 都是 $f(x)$ 在区间 I 上的原函数,则(   )。

A. $F(x)=G(x)$
B. $F(x)=G(x)+C$
C. $F(x)=\dfrac{1}{C}G(x)$
D. $F(x)=CG(x)$

2. $d\int f(x)dx = ($ $)$。

A. $f(x)$
B. $f(x)+C$
C. $f'(x)$
D. $f(x)dx$

3. 下列各式中,正确的是( )。

A. $\sec^2 x \mathrm{d}x = \mathrm{d}(\tan x)$
B. $\dfrac{\mathrm{d}x}{\sqrt{x}} = \mathrm{d}\sqrt{x}$

C. $\ln|x|\mathrm{d}x = \mathrm{d}\left(\dfrac{1}{x}\right)$
D. $\arctan x \mathrm{d}x = \mathrm{d}\left(\dfrac{1}{1+x^2}\right)$

4. 积分 $\displaystyle\int \dfrac{\mathrm{d}x}{1+\sqrt{x+1}}$ 作变量代换 $t = \sqrt{x+1}$ 后变为( )。

A. $\dfrac{1}{2}\displaystyle\int \dfrac{t}{1+t}\mathrm{d}t$
B. $2\displaystyle\int \dfrac{t}{1+t}\mathrm{d}t$
C. $-\dfrac{1}{2}\displaystyle\int \dfrac{t}{1+t}\mathrm{d}t$
D. $-2\displaystyle\int \dfrac{t}{1+t}\mathrm{d}t$

5. $\displaystyle\int xf''(x)\mathrm{d}x = ($)。

A. $xf'(x) - \displaystyle\int f(x)\mathrm{d}x$
B. $xf'(x) - f'(x) + C$

C. $xf'(x) - f(x) + C$
D. $f(x) - xf'(x) + C$

(三)解答题(请写出必要的计算过程和推理步骤,每题 10 分,共 70 分)

1. $\displaystyle\int x(1+x)^{100}\mathrm{d}x$。

2. $\displaystyle\int \dfrac{\ln x}{x \cdot \sqrt{1+\ln x}}\mathrm{d}x$。

3. $\displaystyle\int \dfrac{1}{9-4x^2}\mathrm{d}x$。

4. $\int \dfrac{\sin x \cos x}{1+\sin^4 x}\,\mathrm{d}x$。

5. $\int \sqrt{\dfrac{1+x}{1-x}}\,\mathrm{d}x$。

6. $\int \dfrac{\mathrm{d}x}{x\sqrt{x^2-1}}$。

7. $\int x\left(\cos\dfrac{x}{3}+10^x\right)\mathrm{d}x$。

章节检测试卷（B 卷）

(一)填空题(每空 3 分,共 15 分)

1. $\int \dfrac{\mathrm{d}}{\mathrm{d}x}(\arctan x)\,\mathrm{d}x = $ _____。

2. 如果 $\int f(x)\,\mathrm{d}x = 2\cos\dfrac{x}{2}+C$，则 $f(x) = $ _____。

3. $\int \dfrac{x}{4+x^2}\,\mathrm{d}x = $ _____。

4. $\int \dfrac{\tan x}{\sqrt{\cos x}} dx = $ _____。

5. 如果 $(\cot x)' = f(x)$,则 $\int x f'(x) dx = $ _____。

(二)单项选择题(每题 3 分,共 15 分)

1. 下列各组函数中,是同一函数原函数的是(　　)。

A. $\arctan x$ 和 $\operatorname{arccot} x$　　　　B. e^x 和 $\dfrac{1}{2}e^{2x}$

C. $\dfrac{2x}{\ln 2}$ 和 $2^x + \ln 2$　　　　D. $\ln(2x)$ 和 $\ln x$

2. 曲线 $y = f(x)$ 在点 x 处的切线斜率为 $-x + 2$,且曲线过点 $(2,5)$,则曲线方程为(　　)。

A. $y = -x^2 + 2x$　　　　B. $y = -\dfrac{1}{2}x^2 + 2x$

C. $y = -\dfrac{1}{2}x^2 + 2x + 3$　　　　D. $y = -x^2 + 2x + 5$

3. 如果 $F'(x) = f(x)$,而 C 是任意正的实数,则 $\int f(x) dx = $(　　)。

A. $F(x) + C$　　B. $F(x) + \sin C$　　C. $F(x) + \ln C$　　D. $F(x) + e^C$

4. $\int \dfrac{dx}{(4x+1)^{10}} = $(　　)。

A. $\dfrac{1}{9}\dfrac{1}{(4x+1)^9} + C$　　　　B. $\dfrac{1}{36}\dfrac{1}{(4x+1)^9} + C$

C. $-\dfrac{1}{36}\dfrac{1}{(4x+1)^9} + C$　　　　D. $-\dfrac{1}{36}\dfrac{1}{(4x+1)^{11}} + C$

5. $\int \dfrac{\ln x}{x} dx = $(　　)。

A. $\dfrac{1}{2}x \ln^2 x + C$　　B. $\dfrac{1}{2}\ln^2 x + C$　　C. $\dfrac{\ln x}{x} + C$　　D. $\dfrac{1}{x^2} - \dfrac{\ln x}{x^2} + C$

(三)解答题(请写出必要的计算过程和推理步骤,每题 10 分,共 70 分)

1. $\int \dfrac{e^{2x}}{1 + e^x} dx$。

2. $\int \sin 3x \cos x \, dx$。

3. $\int \dfrac{1}{x^2-8x+25}dx$。

4. $\int \dfrac{x^2+1}{(x+1)^2(x-1)}dx$。

5. $\int \dfrac{x^3}{(1+x^2)^{\frac{3}{2}}}dx$。

6. $\int \dfrac{1}{\sqrt{x}+\sqrt[3]{x}}dx$。

7. $\int x^2 \arccos x\, dx$。

五、答案解析

同步练习参考答案

专题一答案　1—5：BBADA　　6—10：CABCB　　11—15：CADCA
　　　　　　16—20：CADDC　21—25：ADDCC　26—30：CABDD

专题二答案　31—35：DCCBA　36—40：ACACB　41—45：CDAAA
　　　　　　46—48：BCB

专题三答案　49—50：CD　　　51—53：ABB

章节检测试卷(A卷)参考答案

(一)填空题

1. $6x+1$; 2. $-\cos(1+e^x)+C$; 3. $y=\dfrac{a}{2}(e^{\frac{x}{a}}+e^{-\frac{x}{a}})$;

4. $\dfrac{1}{2}x^2\ln x-\dfrac{1}{4}x^2+C$; 5. $\dfrac{1}{x-2}-\dfrac{x+2}{x^2+1}-\dfrac{3x+4}{(x^2+1)^2}$。

(二)单项选择题

1—5：BDABC

(三)解答题

1. 解：$\displaystyle\int x(1+x)^{100}dx=\int x(1+x)^{100}d(1+x)=\int (1+x-1)(1+x)^{100}d(1+x)$

$\displaystyle =\int[(1+x)^{101}-(1+x)^{100}]d(1+x)$

$=\dfrac{(1+x)^{102}}{102}-\dfrac{(1+x)^{101}}{101}+C$。

2. 解：$\displaystyle\int\dfrac{\ln x}{x\cdot\sqrt{1+\ln x}}dx=\int\dfrac{\ln x}{\sqrt{1+\ln x}}d(1+\ln x)=\int\dfrac{1+\ln x-1}{\sqrt{1+\ln x}}d(1+\ln x)$

$\displaystyle=\int\left(\sqrt{1+\ln x}-\dfrac{1}{\sqrt{1+\ln x}}\right)d(1+\ln x)$

$=\dfrac{2}{3}(1+\ln x)^{\frac{3}{2}}-2\sqrt{1+\ln x}+C$。

3. 解：$\displaystyle\int\dfrac{1}{9-4x^2}dx=\int\dfrac{1}{(3-2x)(3+2x)}dx=\dfrac{1}{6}\int\dfrac{(3-2x)+(3+2x)}{(3-2x)(3+2x)}dx$

$\displaystyle=\dfrac{1}{6}\int\left(\dfrac{1}{3+2x}+\dfrac{1}{3-2x}\right)dx$

$\displaystyle=\dfrac{1}{12}\int\dfrac{1}{3+2x}d(3+2x)-\dfrac{1}{12}\int\dfrac{1}{3-2x}d(3-2x)$

$=\dfrac{1}{12}\ln|3+2x|-\dfrac{1}{12}\ln|3-2x|+C=\dfrac{1}{12}\ln\left|\dfrac{3+2x}{3-2x}\right|+C$。

4. 解：$\displaystyle\int\dfrac{\sin x\cos x}{1+\sin^4 x}dx=\dfrac{1}{2}\int\dfrac{d\sin^2 x}{1+(\sin^2 x)^2}=\dfrac{1}{2}\arctan(\sin^2 x)+C$。

5. 解：$\displaystyle\int\sqrt{\dfrac{1+x}{1-x}}dx=\int\dfrac{1+x}{\sqrt{1-x^2}}dx=\int\dfrac{1}{\sqrt{1-x^2}}dx-\dfrac{1}{2}\int\dfrac{1}{\sqrt{1-x^2}}d(1-x^2)$

$$= \arcsin x - \sqrt{1-x^2} + C_\circ$$

6. 解:当 $x > 1$ 时,设 $x = \sec t, 0 < t < \dfrac{\pi}{2}$,则 $\mathrm{d}x = \sec t \tan t \, \mathrm{d}t$。

$$\int \dfrac{\mathrm{d}x}{x\sqrt{x^2-1}} = \int \dfrac{\sec t \tan t}{\sec t \tan t} \mathrm{d}t = \int \mathrm{d}t = t + C = \arccos \dfrac{1}{x} + C_\circ$$

当 $x < -1$ 时,设 $x = -u$,则 $u > 1$。

$$\int \dfrac{\mathrm{d}x}{x\sqrt{x^2-1}} = \int \dfrac{\mathrm{d}u}{u\sqrt{u^2-1}} = \arccos \dfrac{1}{u} + C = \arccos\left(-\dfrac{1}{x}\right) + C_\circ$$

综上可得,$\int \dfrac{\mathrm{d}x}{x\sqrt{x^2-1}} = \arccos \dfrac{1}{|x|} + C_\circ$

7. 解:$\int x(\cos\dfrac{x}{3} + 10^x)\mathrm{d}x = 3\int x \mathrm{d}\sin\dfrac{x}{3} + \dfrac{1}{\ln 10}\int x \mathrm{d} 10^x$

$$= 3x \sin\dfrac{x}{3} - 3\int \sin\dfrac{x}{3}\mathrm{d}x + \dfrac{x \cdot 10^x}{\ln 10} - \dfrac{1}{\ln 10}\int 10^x \mathrm{d}x$$

$$= 3x \sin\dfrac{x}{3} + 9\cos\dfrac{x}{3} + \dfrac{x \cdot 10^x}{\ln 10} - \dfrac{10^x}{\ln^2 10} + C_\circ$$

章节检测试卷(B 卷)参考答案

(一)填空题

1. $\arctan x + C$ 2. $-\sin\dfrac{x}{2}$ 3. $\dfrac{1}{2}\ln(4+x^2) + C$ 4. $\dfrac{2}{\sqrt{\cos x}} + C$

5. $-x\csc^2 x - \cot x + C$

(二)单项选择题

1—5:DCCCB

(三)解答题

1. 解:$\int \dfrac{\mathrm{e}^{2x}}{1+\mathrm{e}^x}\mathrm{d}x = \int \dfrac{\mathrm{e}^x}{1+\mathrm{e}^x}\mathrm{d}(1+\mathrm{e}^x) = \int \dfrac{1+\mathrm{e}^x-1}{1+\mathrm{e}^x}\mathrm{d}(1+\mathrm{e}^x) = \int \mathrm{d}(1+\mathrm{e}^x) - \int \dfrac{\mathrm{d}(1+\mathrm{e}^x)}{1+\mathrm{e}^x}$

$$= 1 + \mathrm{e}^x - \ln(1+\mathrm{e}^x) + C = \mathrm{e}^x - \ln(1+\mathrm{e}^x) + C_\circ$$

2. 解:$\int \sin 3x \cos x \, \mathrm{d}x = \dfrac{1}{2}\int(\sin 4x + \sin 2x)\mathrm{d}x = \dfrac{1}{8}\int \sin 4x \, \mathrm{d}(4x) + \dfrac{1}{4}\int \sin 2x \, \mathrm{d}(2x)$

$$= -\dfrac{1}{8}\cos 4x - \dfrac{1}{4}\cos 2x + C_\circ$$

3. 解:$\int \dfrac{1}{x^2 - 8x + 25}\mathrm{d}x = \int \dfrac{1}{(x-4)^2 + 9}\mathrm{d}x = \dfrac{1}{9}\int \dfrac{1}{\left(\dfrac{x-4}{3}\right)^2 + 1}\mathrm{d}x$

$$= \dfrac{1}{3}\int \dfrac{1}{\left(\dfrac{x-4}{3}\right)^2 + 1}\mathrm{d}\dfrac{x-4}{3}$$

$$= \dfrac{1}{3}\arctan\dfrac{x-4}{3} + C_\circ$$

4. 解:$\int \dfrac{x^2+1}{(x+1)^2(x-1)}\mathrm{d}x = \int\left(\dfrac{1}{2(x-1)} + \dfrac{1}{2(x+1)} - \dfrac{1}{(x+1)^2}\right)\mathrm{d}x$

$$= \dfrac{1}{2}\ln|x-1| + \dfrac{1}{2}\ln|x+1| + \dfrac{1}{x+1} + C$$

$$= \frac{1}{2}\ln|x^2-1| + \frac{1}{x+1} + C_\circ$$

5. 解：$\displaystyle\int \frac{x^3}{(1+x^2)^{\frac{3}{2}}}dx = \frac{1}{2}\int \frac{x^2}{(1+x^2)^{\frac{3}{2}}}d(1+x^2) = \frac{1}{2}\int \frac{1+x^2-1}{(1+x^2)^{\frac{3}{2}}}d(1+x^2)$

$$= \frac{1}{2}\int\left[\frac{1}{(1+x^2)^{\frac{1}{2}}} - \frac{1}{(1+x^2)^{\frac{3}{2}}}\right]d(1+x^2)$$

$$= \sqrt{1+x^2} + \frac{1}{\sqrt{1+x^2}} + C_\circ$$

6. 解：设 $x = t^6$，则 $dx = 6t^5 dt_\circ$

$\displaystyle\int \frac{1}{\sqrt{x}+\sqrt[3]{x}}dx = \int \frac{6t^5}{t^3+t^2}dt = 6\int \frac{t^3}{t+1}dt = 6\int \frac{t^3+1-1}{t+1}dt = 6\int\left(t^2-t+1-\frac{1}{t+1}\right)dt$

$$= 6\left(\frac{1}{3}t^3 - \frac{1}{2}t^2 + t - \ln|t+1|\right) + C$$

$$= 2\sqrt{x} - 3\sqrt[3]{x} + 6\sqrt[6]{x} - 6\ln(\sqrt[6]{x}+1) + C_\circ$$

7. 解：$\displaystyle\int x^2 \arccos x\, dx = \frac{1}{3}\int \arccos x\, dx^3 = \frac{1}{3}x^3\arccos x - \frac{1}{3}\int x^3 d\arccos x$

$$= \frac{1}{3}x^3\arccos x + \frac{1}{3}\int \frac{x^3}{\sqrt{1-x^2}}dx$$

$$= \frac{1}{3}x^3\arccos x - \frac{1}{6}\int \frac{x^2}{\sqrt{1-x^2}}d(1-x^2)$$

$$= \frac{1}{3}x^3\arccos x + \frac{1}{6}\int \frac{1-x^2-1}{\sqrt{1-x^2}}d(1-x^2)$$

$$= \frac{1}{3}x^3\arccos x + \frac{1}{6}\int\left(\sqrt{1-x^2} - \frac{1}{\sqrt{1-x^2}}\right)d(1-x^2)$$

$$= \frac{x^3}{3}\arccos x + \frac{1}{9}\sqrt{(1-x^2)^3} - \frac{1}{3}\sqrt{1-x^2} + C_\circ$$

第六章 定积分及其应用

中国古代数学不但要振兴,还要复兴。

——吴文俊

吴文俊(1919 年 5 月 12 日—2017 年 5 月 7 日),祖籍浙江嘉兴,数学家,中国科学院院士,中国科学院数学与系统科学研究院研究员,系统科学研究所名誉所长。吴文俊毕业于交通大学数学系,1949 年,获法国斯特拉斯堡大学博士学位;1957 年,当选为中国科学院学部委员(院士);1991 年,当选第三世界科学院(发展中国家科学院)院士;陈嘉庚科学奖获得者;2001 年 2 月,获 2000 年度国家最高科学技术奖。

吴文俊的研究工作涉及数学的诸多领域,其主要成就表现在拓扑学和数学机械化两个领域。他为拓扑学做了奠基性的工作;他的示性类和示嵌类研究被国际数学界称为"吴公式""吴示性类""吴示嵌类",至今仍被国际同行广泛引用。

一、基本要求

1. 理解定积分的概念、几何意义及其基本性质。
2. 理解积分上限的函数的及其可导性与求导定理,理解原函数存在定理。
3. 能够熟练运用牛顿—莱布尼茨公式计算定积分。
4. 熟练掌握定积分的换元法与分部积分法。
5. 了解广义积分的定义,根据定义会求一些简单的广义积分的值。
6. 理解用元素法将实际问题表达成定积分的分析方法。
7. 熟练掌握用定积分表达和计算一些几何量,包括平面图形的面积、旋转体的体积、简单的已知平行截面面积的立体体积、平面曲线的弧长。

二、内容概要

(一)定积分的概念

1. 定义

设 $f(x)$ 在 $[a,b]$ 上有定义,用分点 $a=x_0<x_1<x_2\cdots<x_{n-1}<x_n=b$ 把 $[a,b]$ 任意分成 n 个小区间 $[x_0,x_1],[x_1,x_2],\cdots,[x_{n-1},x_n]$,各个小区间的长度记为 $\Delta x_i = x_i - x_{i-1}(i=1,2,\cdots,n)$,在每个小区间 $[x_{i-1},x_i]$ 上任取一点 ξ_i,作乘积 $f(\xi_i)\Delta x_i$,并作和式 $\sum_{i=1}^{n} f(\xi_i)\Delta x_i$. 记 $\lambda=\max\{\Delta t_1, \Delta t_2, \cdots, \Delta t_n\}$,当 $\lambda \to 0$ 时,若上述和式存在极限,且极限值与区间的分法以及 ξ_i 的取法无关,则称 $f(x)$ 在 $[a,b]$ 上是可积的,称这个极限值为 $f(x)$ 在 $[a,b]$ 上的定积分,记作 $\int_a^b f(x)\mathrm{d}x$,即

$$\int_a^b f(x)\mathrm{d}x = \lim_{\lambda \to 0}\sum_{i=1}^n f(\xi_i)\Delta x_i,$$

式中,$f(x)$ 称为被积函数;$f(x)\mathrm{d}x$ 称为被积表达式;x 称为积分变量;a 称为积分下限;b 称为积分上限;$[a,b]$ 称为积分区间。

2. 结论

(1) 定积分的值只与被积函数及积分区间有关,而与积分变量的记法无关,即

$$\int_a^b f(x)\mathrm{d}x = \int_a^b f(t)\mathrm{d}t = \int_a^b f(u)\mathrm{d}u。$$

(2) 交换定积分的上下限,定积分值改变符号,即 $\int_a^b f(x)\mathrm{d}x = -\int_b^a f(x)\mathrm{d}x$。

规定:$\int_a^a f(x)\mathrm{d}x = 0$。

3. 可积的充分条件

(1) 如果 $f(x)$ 在 $[a,b]$ 上连续,则 $f(x)$ 在 $[a,b]$ 上可积。

(2) 如果 $f(x)$ 在 $[a,b]$ 上只有有限个第一类间断点,则 $f(x)$ 在 $[a,b]$ 上可积。

4. 几何意义

定积分 $\int_a^b f(x)\mathrm{d}x$ 在几何上表示由曲线 $f(x)$ 和直线 $x=a$、$x=b$、x 轴所围成的平面图形各部分面积的代数和,即平面图形位于 x 轴上方的面积减去其位于 x 轴下方的面积。

(二)定积分的性质

性质 1 $\int_a^b kf(x)\mathrm{d}x = k\int_a^b f(x)\mathrm{d}x$($k$ 为常数)。

性质 2 $\int_a^b [f(x) \pm g(x)]\mathrm{d}x = \int_a^b f(x)\mathrm{d}x \pm \int_a^b g(x)\mathrm{d}x$。

性质 3(区间可加性) 如果将区间 $[a,b]$ 分成区间 $[a,c]$ 和 $[c,b]$,则

$$\int_a^b f(x)\mathrm{d}x = \int_a^c f(x)\mathrm{d}x + \int_c^b f(x)\mathrm{d}x。$$

性质 4(保号性) 如果在区间 $[a,b]$ 上恒有 $f(x) \geqslant 0$,则 $\int_a^b f(x)\mathrm{d}x \geqslant 0$。

性质 5(保序性) 如果在区间 $[a,b]$ 上恒有 $f(x) \leqslant g(x)$,则

$$\int_a^b f(x)\mathrm{d}x \leqslant \int_a^b g(x)\mathrm{d}x。$$

性质 6 一个函数的定积分的绝对值不大于该函数绝对值的定积分,即

$$\left|\int_a^b f(x)\mathrm{d}x\right| \leqslant \int_a^b |f(x)|\mathrm{d}x。$$

性质 7(估值定理) 设 M 及 m 分别是 $f(x)$ 在 $[a,b]$ 上的最大值及最小值,则

$$m(b-a) \leqslant \int_a^b f(x)\mathrm{d}x \leqslant M(b-a)。$$

性质 8(积分中值定理) 如果函数 $f(x)$ 在区间 $[a,b]$ 上连续,则在区间 $[a,b]$ 上至少存在一点 ξ,使得

$$\int_a^b f(x)\mathrm{d}x = f(\xi)(b-a)。$$

(三)微积分基本公式

1. 积分上限函数

(1) 定义

上限为变量 x 的定积分 $\int_a^x f(t)\mathrm{d}t$ 在区间 $[a,b]$ 上确定了一个以 x 为变量的新函数,称为积分上限函数,记作 $\Phi(x)$,即 $\Phi(x) = \int_a^x f(t)\mathrm{d}t$。

(2) 导数

定理 1 如果函数 $f(x)$ 在区间 $[a,b]$ 上连续,则积分上限函数 $\Phi(x) = \int_a^x f(t)\mathrm{d}t$ 在 $[a,b]$ 上可导,且

$$\Phi'(x) = \left(\int_a^x f(t)\mathrm{d}t\right)' = f(x)。$$

(3) 导数的推广

$$\left(\int_{\varphi_1(x)}^{\varphi_2(x)} f(t)\mathrm{d}t\right)' = f[\varphi_2(x)]\varphi_2'(x) - f[\varphi_1(x)]\varphi_1'(x)。$$

(4) 结论

如果函数 $f(x)$ 在区间 $[a,b]$ 上连续,则函数 $\Phi(x) = \int_a^x f(t)\mathrm{d}t$ 是 $f(x)$ 的一个原函数,即连续函数 $f(x)$ 的原函数一定存在。

2. 牛顿—莱布尼茨公式

定理 2 如果函数 $f(x)$ 在区间 $[a,b]$ 上连续,且 $F(x)$ 是 $f(x)$ 的任意一个原函数,则

$$\int_a^b f(x)\mathrm{d}x = F(b) - F(a)。$$

(四)积分方法

1. 换元积分法

定理 3 设 $f(x)$ 在 $[a,b]$ 上连续,$x=\varphi(t)$ 满足条件:$\varphi(\alpha)=a, \varphi(\beta)=b$;$\varphi(t)$ 在 $[\alpha,\beta]$(或 $[\beta,\alpha]$)上具有连续导数,且 $a \leqslant \varphi(t) \leqslant b$,则

$$\int_a^b f(x)\mathrm{d}x = \int_\alpha^\beta f[\varphi(t)]\varphi'(t)\mathrm{d}t。$$

推论

(1) 设 $f(x)$ 在 $[-a,a]$ 上连续,若 $f(x)$ 是奇函数,则 $\int_{-a}^a f(x)\mathrm{d}x = 0$。

(2) 设 $f(x)$ 在 $[-a,a]$ 上连续,若 $f(x)$ 是偶函数,则

$$\int_{-a}^a f(x)\mathrm{d}x = 2\int_0^a f(x)\mathrm{d}x。$$

(3) 设 $f(x)$ 在 $(-\infty, +\infty)$ 上连续,T 是周期,则 $\int_a^{a+T} f(x)\mathrm{d}x = \int_0^T f(x)\mathrm{d}x$。

2. 分部积分法

定理 4 设 $u=u(x), v=v(x)$ 在 $[a,b]$ 上具有连续导数 $u'(x)$、$v'(x)$,则

$$\int_a^b u\mathrm{d}v = (uv)\Big|_a^b - \int_a^b v\mathrm{d}u。$$

(五)广义积分

1. 无穷区间上的广义积分

(1) 设 $f(x)$ 在区间 $[a,+\infty)$ 上连续,取 $b>a$。如果极限 $\lim\limits_{b\to+\infty}\int_a^b f(x)\mathrm{d}x$ 存在,则称此极限为 $f(x)$ 在 $[a,+\infty)$ 上的广义积分,记作

$$\int_a^{+\infty} f(x)\mathrm{d}x = \lim_{b\to+\infty}\int_a^b f(x)\mathrm{d}x,$$

也称 $\int_a^{+\infty} f(x)\mathrm{d}x$ 收敛;如果极限不存在,则称 $\int_a^{+\infty} f(x)\mathrm{d}x$ 发散。

(2) 设 $f(x)$ 在区间 $(-\infty,b]$ 上连续,取 $a<b$. 如果极限 $\lim\limits_{a\to-\infty}\int_a^b f(x)\mathrm{d}x$ 存在,则称此极限为 $f(x)$ 在区间 $(-\infty,b]$ 上的广义积分,记作

$$\int_{-\infty}^b f(x)\mathrm{d}x = \lim_{a\to-\infty}\int_a^b f(x)\mathrm{d}x,$$

也称 $\int_{-\infty}^b f(x)\mathrm{d}x$ 收敛,否则称 $\int_{-\infty}^b f(x)\mathrm{d}x$ 发散。

(3) 设 $f(x)$ 在 $(-\infty,+\infty)$ 上连续,如果 $\int_{-\infty}^0 f(x)\mathrm{d}x$ 和 $\int_0^{+\infty} f(x)\mathrm{d}x$ 都收敛,则称这两个广义积分之和为 $f(x)$ 在 $(-\infty,+\infty)$ 上的广义积分,记作

$$\int_{-\infty}^{+\infty} f(x)\mathrm{d}x = \int_{-\infty}^0 f(x)\mathrm{d}x + \int_0^{+\infty} f(x)\mathrm{d}x,$$

当且仅当上述两个积分都收敛时,称 $\int_{-\infty}^{+\infty} f(x)\mathrm{d}x$ 收敛;否则称 $\int_{-\infty}^{+\infty} f(x)\mathrm{d}x$ 发散。

2. 无界函数的广义积分

(1) 设 $f(x)$ 在 $(a,b]$ 上连续,且 $\lim\limits_{x\to a^+} f(x)=\infty$,取 $\varepsilon>0$,如果极限 $\lim\limits_{\varepsilon\to 0^+}\int_{a+\varepsilon}^b f(x)\mathrm{d}x$ 存在,则称此极限为 $f(x)$ 在 $(a,b]$ 上的广义积分,记作

$$\int_a^b f(x)\mathrm{d}x = \lim_{\varepsilon\to 0^+}\int_{a+\varepsilon}^b f(x)\mathrm{d}x,$$

也称 $\int_a^b f(x)\mathrm{d}x$ 收敛;如果极限不存在,则称 $\int_a^b f(x)\mathrm{d}x$ 发散。

(2) 设 $f(x)$ 在 $[a,b)$ 上连续,且 $\lim\limits_{x\to b^-} f(x)=\infty$,取 $\varepsilon>0$,如果极限 $\lim\limits_{\varepsilon\to 0^+}\int_a^{b-\varepsilon} f(x)\mathrm{d}x$ 存在,则称此极限为 $f(x)$ 在 $[a,b)$ 上的广义积分,记作

$$\int_a^b f(x)\mathrm{d}x = \lim_{\varepsilon\to 0^+}\int_a^{b-\varepsilon} f(x)\mathrm{d}x,$$

也称 $\int_a^b f(x)\mathrm{d}x$ 收敛,否则称 $\int_a^b f(x)\mathrm{d}x$ 发散。

(3) 设 $f(x)$ 在 $[a,c),(c,b]$ 上连续,且 $\lim\limits_{x\to c} f(x)=\infty$,如果 $\int_a^c f(x)\mathrm{d}x$ 与 $\int_c^b f(x)\mathrm{d}x$ 都收敛,则定义

$$\int_a^b f(x)\mathrm{d}x = \int_a^c f(x)\mathrm{d}x + \int_c^b f(x)\mathrm{d}x,$$

当且仅当上述两个积分都收敛时,称 $\int_a^b f(x)\mathrm{d}x$ 收敛,否则称 $\int_a^b f(x)\mathrm{d}x$ 发散。

(六)定积分的应用

1. 定积分的元素法

用定积分计算量 I 的步骤是:

(1) 选取积分变量,例如 x 为积分变量,并确定它的变化区间 $[a,b]$;

(2) 在 $[a,b]$ 上任取小区间 $[x,x+\mathrm{d}x]$,所对应的元素 $\mathrm{d}I=f(x)\mathrm{d}x$;

(3) 以量 I 的元素 $f(x)\mathrm{d}x$ 为被积表达式,在 $[a,b]$ 上作定积分,得 $I=\int_a^b f(x)\mathrm{d}x$。

2. 平面图形的面积

坐标	面积公式	图形
直角坐标	由曲线 $y=f(x),y=g(x)(f(x)\geqslant g(x))$ 及直线 $x=a,x=b(a<b)$ 所围图形的面积: $S=\int_a^b [f(x)-g(x)]\mathrm{d}x$	
	由曲线 $x=f(y),x=g(y)(f(y)\geqslant g(y))$ 及直线 $y=c,y=d(c<d)$ 所围图形的面积: $S=\int_c^d [f(y)-g(y)]\mathrm{d}y$	
极坐标	由曲线 $r=r(\theta)$ 及两射线 $\theta=\alpha,\theta=\beta(\beta>\alpha)$ 所围图形的面积: $S=\int_\alpha^\beta \frac{1}{2}[r(\theta)]^2 \mathrm{d}\theta$	

3. 空间立体的体积

类型	体积公式
旋转体	(1) 由 $y=f(x),x=a,x=b(a<b)$ 及 x 轴所围图形绕 x 轴旋转 $$V=\int_a^b \pi [f(x)]^2 \mathrm{d}x$$ (2) 由 $x=\varphi(y),y=c,y=d(c<d)$ 及 y 轴所围图形绕 y 轴旋转 $$V=\int_c^d \pi [\varphi(y)]^2 \mathrm{d}y$$
一般立体	立体位于 $x=a,x=b(a<b)$ 之间,过点 x 且垂直于 x 轴的平面截该立体所得截面面积为连续函数 $S(x)$,则立体体积为 $V=\int_a^b S(x)\mathrm{d}x$

4. 平面曲线的弧长

曲线方程	弧长公式
$y=f(x), x\in[a,b]$	$s=\int_a^b \sqrt{1+[f'(x)]^2}\mathrm{d}x$
$\begin{cases} x=\varphi(t) \\ y=\Psi(t) \end{cases}, t\in[\alpha,\beta]$	$s=\int_\alpha^\beta \sqrt{[\varphi'(x)]^2+[\Psi'(x)]^2}\mathrm{d}t$

三、同步练习

专题一：定积分的概念与性质

1. 定积分的定义 $\int_a^b f(x)\mathrm{d}x = \lim\limits_{\lambda \to 0} \sum\limits_{i=1}^n f(\xi_i)\Delta x_i$ 说明（　　）。

   A. $[a,b]$必须n等分，ξ_i是$[x_{i-1},x_i]$的端点
   B. $[a,b]$可任意分法，ξ_i是$[x_{i-1},x_i]$的端点
   C. $[a,b]$可任意分法，ξ_i可在$[x_{i-1},x_i]$内任取
   D. $[a,b]$必须n等分，ξ_i可在$[x_{i-1},x_i]$内任取

2. 定积分 $\int_a^b f(x)\mathrm{d}x$ 是（　　）。

   A. $f(x)$的一个原函数　　　　　　B. $f(x)$的全体原函数
   C. 任意常数　　　　　　　　　　D. 确定常数

3. 定积分 $\int_a^b f(x)\mathrm{d}x$ 的值（　　）。

   A. 只与积分区间有关　　　　　　B. 只与被积函数有关
   C. 与积分变量有关　　　　　　　D. 与积分区间和被积函数有关

4. $f(x)$在$[a,b]$上连续是定积分 $\int_a^b f(x)\mathrm{d}x$ 存在的（　　）。

   A. 必要条件　　　B. 充分条件　　　C. 充要条件　　　D. 无关条件

5. 设 $f(x)$ 在$[a,b]$上连续，则 $\int_a^b f(x)\mathrm{d}x - \int_a^b f(t)\mathrm{d}t$（　　）。

   A. 小于零　　　　　　　　　　　B. 等于零
   C. 大于零　　　　　　　　　　　D. 不能确定与零的关系

6. 设 $a>0$，则 $\int_0^a \sqrt{a^2-x^2}\,\mathrm{d}x = $（　　）。

   A. a^2　　　　　B. $\dfrac{\pi}{2}a^2$　　　　　C. $\dfrac{1}{4}a^2$　　　　　D. $\dfrac{\pi}{4}a^2$

7. 设 $f(x)$ 在$[a,b]$上连续，则曲线 $y=f(x)$ 与直线 $x=a, x=b, y=0$ 所围成的平面图形的面积等于（　　）。

   A. $\int_a^b f(x)\mathrm{d}x$　　　B. $\left|\int_a^b f(x)\mathrm{d}x\right|$　　　C. $\int_a^b |f(x)|\mathrm{d}x$　　　D. $f(\xi)(b-a)$

8. $\int_0^{\frac{\pi}{2}} |\sin x - \cos x|\,\mathrm{d}x = $（　　）。

   A. $\int_0^{\frac{\pi}{2}} (\sin x - \cos x)\mathrm{d}x a^2$
   B. $\int_0^{\frac{\pi}{4}} (\sin x - \cos x)\mathrm{d}x + \int_{\frac{\pi}{4}}^{\frac{\pi}{2}} (\cos x - \sin x)\mathrm{d}x$
   C. $\int_0^{\frac{\pi}{2}} (\cos x - \sin x)\mathrm{d}x$
   D. $\int_0^{\frac{\pi}{4}} (\cos x - \sin x)\mathrm{d}x + \int_{\frac{\pi}{4}}^{\frac{\pi}{2}} (\sin x - \cos x)\mathrm{d}x$

9. 估计积分 $I = \int_0^\pi \dfrac{dx}{3+\sin^3 x}$ 的值,有( )。

A. $\dfrac{\pi}{4} \leqslant I \leqslant \dfrac{\pi}{3}$ B. $\dfrac{1}{4} \leqslant I \leqslant \dfrac{1}{3}$ C. $\dfrac{3}{\pi} \leqslant I \leqslant \dfrac{4}{\pi}$ D. $3 \leqslant I \leqslant 4$

10. 在积分中值定理 $\int_a^b f(x)dx = f(\xi)(b-a)$ 中,有( )。

A. ξ 是 $[a,b]$ 内任一点
B. ξ 是 $[a,b]$ 内必定存在的某一点
C. ξ 是 $[a,b]$ 内唯一的某点
D. ξ 是 $[a,b]$ 的中点

11. 设 $f(x)$ 在 $[a,b]$ 上连续,且 $\int_a^b f(x)dx = 0$,则在 $[a,b]$ 上( )。

A. $f(x)$ 恒等于零
B. 必存在一点 ξ,使 $f(\xi) = 0$
C. 必存在唯一的一点 ξ,使 $f(\xi) = 0$
D. 不一定存在 ξ,使 $f(\xi) = 0$

专题二:微积分基本公式

12. 积分 $\int_a^x f(x)dx$ 是( )。

A. $f'(x)$ 的一个原函数
B. $f'(x)$ 的全体原函数
C. $f(x)$ 的一个原函数
D. $f(x)$ 的全体原函数

13. 设 $f(x)$ 连续,$\varphi(x) = \int_x^a tf(t)dt$,则 $\varphi'(x) = ($ $)$。

A. $xf(x)$ B. $af(x)$ C. $-xf(x)$ D. $-af(x)$

14. 已知 $\int_{\frac{1}{2}}^x f(t)dt = a^{2x} - a$,则 $f(x) = ($ $)$。

A. $2a^{2x}$ B. $a^{2x}\ln a$ C. $2xa^{2x-1}$ D. $2a^{2x}\ln a$

15. 设 $f(x)$ 连续,$I = t\int_1^{\frac{s}{t}} f(tx)dx$,则 I 是( )。

A. s 和 t 的函数   B. s 的函数   C. t 的函数   D. 常数

16. $\dfrac{d}{dx}\int_b^x \dfrac{\cos t}{t^2}dt = ($ $)$。

A. $\dfrac{\cos x}{x^2}$ B. $-\dfrac{\sin x}{2x}$ C. $-\dfrac{\sin b}{2b}$ D. $\dfrac{\cos b}{b^2}$

17. $\dfrac{d}{dx}\int_0^x (\arctan t)^2 dt = ($ $)$。

A. $\dfrac{2\arctan t}{1+t^2}$
B. $-(\arctan x)^2$
C. $(\arctan x)^2$
D. $-(\arctan t)^2$

18. 设 $\Phi(x) = \int_0^x e^{-t^2}dt$,则下列结论正确的是( )。

A. $\Phi(x)$ 单调递增,且图形不过原点
B. $\Phi(x)$ 单调递增,且图形过原点
C. $\Phi(x)$ 单调递减,且图形过原点
D. $\Phi(x)$ 单调递减,且图形不过原点

19. 设 $f(x) = \int_x^0 \dfrac{1}{\sqrt{1+t^3}}dt$,则 $f'(x) = ($ $)$。

A. $\dfrac{3x^2}{\sqrt{1+x^3}}$ B. $-\dfrac{3x^2}{\sqrt{1+x^3}}$ C. $\dfrac{1}{\sqrt{1+x^3}}$ D. $-\dfrac{1}{\sqrt{1+x^3}}$

20. 设 $f(x)$ 为连续函数，则 $\dfrac{\mathrm{d}}{\mathrm{d}x}\displaystyle\int_b^{x^2} f(2t)\mathrm{d}t = ($　　$)$。

A. $f(2x^2)$　　　　B. $x^2 f(2x^2)$　　　　C. $2xf(2x^2)$　　　　D. $2xf(x^2)$

21. 设 $f(x) = \displaystyle\int_0^{x^2} \dfrac{1}{\sqrt{1+t^3}}\mathrm{d}t$，则 $f'(x) = ($　　$)$。

A. $\dfrac{1}{\sqrt{1+x^3}}$　　B. $\dfrac{1}{\sqrt{1+x^6}}$　　C. $\dfrac{2x}{\sqrt{1+x^3}}$　　D. $\dfrac{2x}{\sqrt{1+x^6}}$

22. 设 $f(u)$ 在 $[a,b]$ 上连续，且 x 与 t 无关，则（　　）。

A. $\displaystyle\int_a^b tf(t)\mathrm{d}t = t\int_a^b f(t)\mathrm{d}t$　　　　B. $\displaystyle\int_a^b xf(t)\mathrm{d}t = t\int_a^b f(t)\mathrm{d}t$

C. $\displaystyle\int_a^b tf(t)\mathrm{d}t = t\int_a^b f(x)\mathrm{d}x$　　　　D. $\displaystyle\int_a^b xf(t)\mathrm{d}t = x\int_a^b f(x)\mathrm{d}x$

23. 设 $f(x)$ 可导，且 $f(0)=0, f'(0)=2$，则 $\displaystyle\lim_{x\to 0}\dfrac{\int_0^x f(t)\mathrm{d}t}{x^2} = ($　　$)$。

A. 0　　　　　　　B. 1　　　　　　　C. 2　　　　　　　D. $\dfrac{1}{2}$

24. $\displaystyle\lim_{x\to 0}\dfrac{\int_x^0 (\mathrm{e}^t + \mathrm{e}^{-t} - 2)\mathrm{d}t}{1-\cos x} = ($　　$)$。

A. 0　　　　　　　B. 1　　　　　　　C. -1　　　　　　D. ∞

25. 设 $f(x)$ 连续，且 $\displaystyle\int_1^{x^2} f(t)\mathrm{d}t = x^2(1-x)$，则 $f(0) = ($　　$)$。

A. 2　　　　　　　B. $\dfrac{1}{2}$　　　　　　C. 0　　　　　　　D. 1

26. 下列各式中，不等于 x 的是（　　）。

A. $\displaystyle\int_0^x \mathrm{d}t$　　B. $\left(\displaystyle\int_0^x t\mathrm{d}t\right)'$　　C. $\left(\displaystyle\int x\mathrm{d}x\right)'$　　D. $\displaystyle\int \mathrm{d}x$

27. 设 $f(u) = \displaystyle\int_0^{u^2} \dfrac{\mathrm{d}x}{1+x^3}$，则 $f''(1) = ($　　$)$。

A. 1　　　　　　　B. -2　　　　　　C. $-\dfrac{3}{2}$　　　　　D. 2

28. $\dfrac{\mathrm{d}}{\mathrm{d}x}\displaystyle\int_x^{x^2} \sin t\,\mathrm{d}t = ($　　$)$。

A. $\cos x^2 - \cos x$　　　　　　　B. $2x\cos x^2 - \cos x$

C. $2x\sin x^2 - \sin x$　　　　　　D. $2x\sin x^2 + \sin x$

29. 设 $f(x)$ 连续，$F(x) = \displaystyle\int_x^{\mathrm{e}^{-x}} f(t)\mathrm{d}t$，则 $F'(x) = ($　　$)$。

A. $-\mathrm{e}^{-x}f(\mathrm{e}^{-x}) - f(x)$　　　　B. $-\mathrm{e}^{-x}f(\mathrm{e}^{-x}) + f(x)$

C. $\mathrm{e}^{-x}f(\mathrm{e}^{-x}) - f(x)$　　　　　D. $\mathrm{e}^{-x}f(\mathrm{e}^{-x}) + f(x)$

30. 下列各式中，能直接应用牛顿—莱布尼茨公式的是（　　）。

A. $\displaystyle\int_1^3 \dfrac{\mathrm{d}x}{2-x}$　　　　　　　B. $\displaystyle\int_0^3 \ln x\,\mathrm{d}x$

C. $\displaystyle\int_0^{\frac{\pi}{4}} \tan x\,\mathrm{d}x$　　　　　　D. $\displaystyle\int_{-\frac{\pi}{2}}^{\frac{\pi}{2}} \tan x\,\mathrm{d}x$

31. 设物体以速度 $v(t)=3t^2+t$(m/s) 做直线运动,则它在 0～4 s 内所走的路程是(　　)。
   A. 70 m　　　B. 72 m　　　C. 75 m　　　D. 80 m

32. 设 $f(x)=\begin{cases}1+x^2,&0\leqslant x\leqslant 1\\2,&1<x\leqslant 2\end{cases}$,则 $\int_0^2 f(x)\mathrm{d}x=$(　　)。
   A. 1　　　B. 2　　　C. $\dfrac{8}{3}$　　　D. $\dfrac{10}{3}$

33. $\int_{-1}^0|3x+1|\mathrm{d}x=$(　　)。
   A. $\dfrac{5}{6}$　　　B. $-\dfrac{5}{6}$　　　C. $-\dfrac{3}{2}$　　　D. $\dfrac{3}{2}$

34. $\int_0^3|x^2-4|\mathrm{d}x=$(　　)。
   A. $\dfrac{20}{3}$　　　B. $\dfrac{22}{3}$　　　C. $\dfrac{23}{3}$　　　D. $\dfrac{25}{3}$

35. 若 $\int_0^x f(t^2)\mathrm{d}t=x^3$,则 $\int_0^1 f(x)\mathrm{d}x=$(　　)。
   A. $\dfrac{1}{2}$　　　B. 1　　　C. $\dfrac{3}{2}$　　　D. 2

36. 设 $f(x)=x^2+x\int_0^1 f(x)\mathrm{d}x$,则 $\int_0^1 f(x)\mathrm{d}x=$(　　)。
   A. $\dfrac{2}{3}$　　　B. $\dfrac{3}{2}$　　　C. $\dfrac{1}{3}$　　　D. $\dfrac{1}{2}$

37. $\int_0^{100\pi}\sqrt{1+\cos 2x}\,\mathrm{d}x=$(　　)。
   A. $200\sqrt{2}$　　　B. $2\sqrt{2}$　　　C. 0　　　D. 200

专题三：定积分的换元积分法与分部积分法

38. $\int_0^{\frac{\pi}{2}}\sin x\cos x\,\mathrm{d}x=$(　　)。
   A. 1　　　B. $\dfrac{1}{2}$　　　C. $\dfrac{1}{4}$　　　D. 0

39. $\int_0^1\dfrac{\mathrm{e}^x}{1+\mathrm{e}^x}\mathrm{d}x=$(　　)。
   A. $\ln\dfrac{1+\mathrm{e}}{2}$　　　B. $\ln\dfrac{2+\mathrm{e}}{2}$　　　C. $\ln\dfrac{1+\mathrm{e}}{3}$　　　D. $\ln\dfrac{1+2\mathrm{e}}{2}$

40. $\int_0^3\dfrac{x}{\sqrt{x+1}}\mathrm{d}x=$(　　)。
   A. 18　　　B. $\dfrac{8}{3}$　　　C. 1　　　D. 0

41. 若 $\int_0^2 kx(1+x^2)^{-2}\mathrm{d}x=32$,则 $k=$(　　)。
   A. -40　　　B. 40　　　C. 80　　　D. -80

42. 已知 $F'(x)=f(x)$,则 $\int_a^x f(a-t)\mathrm{d}t=$(　　)。
   A. $F(0)-F(a-x)$　　　B. $F(a-x)-F(0)$

C. $F(x-a)-F(0)$ D. $F(0)-F(x-a)$

43. 设 $f(x)$ 连续，$a>0$，$\int_0^a f(a-x)\mathrm{d}x = ($ $)$。

A. $\int_a^0 f(t)\mathrm{d}t$ B. $-\int_0^a f(t)\mathrm{d}t$ C. $\int_0^a f(t)\mathrm{d}t$ D. $\int_{-a}^0 f(t)\mathrm{d}t$

44. 设 $f''(x)$ 在 $[a,b]$ 上连续，且 $f'(a)=b$，$f'(b)=a$，则 $\int_a^b f'(x)f''(x)\mathrm{d}x = ($ $)$。

A. $a-b$ B. $\dfrac{1}{2}(a-b)$ C. a^2-b^2 D. $\dfrac{1}{2}(a^2-b^2)$

45. 设 $f(x)$ 连续，则 $\int_0^1 f'\left(\dfrac{x}{2}\right)\mathrm{d}x = ($ $)$。

A. $f(1)-f(0)$ B. $2[f(1)-f(0)]$

C. $2[f(2)-f(0)]$ D. $2\left[f\left(\dfrac{1}{2}\right)-f(0)\right]$

46. 设 $a>0$，则 $\int_0^a x^2 f(x^2)\mathrm{d}x = ($ $)$。

A. $\int_0^{a^2} xf(x)\mathrm{d}x$ B. $\int_0^a xf(x)\mathrm{d}x$

C. $\dfrac{1}{2}\int_0^{a^2} \sqrt{x}f(x)\mathrm{d}x$ D. $\dfrac{1}{2}\int_0^a xf(x)\mathrm{d}x$

47. 设 $f(x)$ 在 $[0,1]$ 上连续，令 $t=2x$，则 $\int_0^1 f(2x)\mathrm{d}x = ($ $)$。

A. $\int_0^2 f(t)\mathrm{d}t$ B. $\dfrac{1}{2}\int_0^1 f(t)\mathrm{d}t$ C. $2\int_0^2 f(t)\mathrm{d}t$ D. $\dfrac{1}{2}\int_0^2 f(t)\mathrm{d}t$

48. 若 $\int_0^x f(t)\mathrm{d}t = \dfrac{x^4}{2}$，则 $\int_0^4 \dfrac{1}{\sqrt{x}}f(\sqrt{x})\mathrm{d}x = ($ $)$。

A. 16   B. 8   C. 4   D. 2

49. 设 $f''(u)$ 连续，若 $n\int_0^1 xf''(2x)\mathrm{d}x = \int_0^2 tf''(t)\mathrm{d}t$，则 $n = ($ $)$。

A. 2   B. 1   C. 4   D. $\dfrac{1}{4}$

50. 定积分 $\int_0^{19} \dfrac{\mathrm{d}x}{\sqrt[3]{x+8}}$ 作变量代换 $t=\sqrt[3]{x+8}$ 后变为（ ）。

A. $\int_2^3 3t\mathrm{d}t$ B. $\int_0^3 3t\mathrm{d}t$ C. $\int_0^2 3t\mathrm{d}t$ D. $\int_{-2}^{-3} 3t\mathrm{d}t$

51. 设 $t=\mathrm{e}^x$，则 $\int_0^1 \dfrac{\sqrt{\mathrm{e}^x}}{\sqrt{\mathrm{e}^x+\mathrm{e}^{-x}}}\mathrm{d}x = ($ $)$。

A. $\int_0^{\mathrm{e}} \dfrac{\sqrt{t}}{\sqrt{t+t^{-1}}}\mathrm{d}t$ B. $\int_0^{\mathrm{e}} \dfrac{1}{\sqrt{1+t}}\mathrm{d}t$ C. $\int_1^{\mathrm{e}} \dfrac{1}{\sqrt{1+t^2}}\mathrm{d}t$ D. $\int_1^{\mathrm{e}} \dfrac{\sqrt{t}}{\sqrt{t+t^{-1}}}\mathrm{d}t$

52. $\int_0^1 \dfrac{1}{1+\sqrt{x}}\mathrm{d}x = ($ $)$。

A. $2(1-\ln 2)$ B. $2(\ln 2-1)$ C. 2   D. $2\ln 2$

53. 设 $f(x) = \dfrac{\mathrm{d}}{\mathrm{d}x}\int_0^x \sin(t-x)\mathrm{d}t$，则 $f(x) = ($ $)$。

A. $-\sin x$ B. $-1+\cos x$ C. $\sin x$ D. $1-\sin x$

54. 设 $f(u)$ 连续，则 $\dfrac{d}{dx}\int_a^b f(x+u)du = ($ $)$.

A. $f(b+x) - f(a+x)$ B. 0
C. $f(b) - f(a)$ D. $f(b+u) - f(a+u)$

55. $\int_{-1}^1 \sqrt{x^2}\,dx = ($ $)$。

A. 0 B. 1 C. $\dfrac{1}{2}$ D. 2

56. 下列定积分的值为零的是（ ）。

A. $\int_{-\frac{\pi}{4}}^{\frac{\pi}{4}} \dfrac{\arctan x}{1+x^2}dx$ B. $\int_{-\frac{\pi}{4}}^{\frac{\pi}{4}} x\arcsin x\,dx$

C. $\int_{-1}^{1} \dfrac{e^x + e^{-x}}{2}dx$ D. $\int_{-1}^{1}(x^2+x)\sin x\,dx$

57. $\int_{-\frac{\pi}{2}}^{\frac{\pi}{2}}(\sin x + \cos x)dx = ($ $)$。

A. 0 B. $\dfrac{\pi}{4}$ C. 2 D. 4

58. $\int_{-\frac{\pi}{2}}^{\frac{\pi}{2}}\sqrt{1-\cos^2 x}\,dx = ($ $)$。

A. 4 B. 2 C. 1 D. 0

59. 设 $\int_0^a \dfrac{1}{\sqrt{1+t^2}}dt = m$，则 $\int_{-a}^a \dfrac{1}{\sqrt{1+t^2}}dt = ($ $)$。

A. 0 B. $-m$ C. $2m$ D. $2m+C$

60. 设 $P = \int_0^{\frac{\pi}{2}}\sin^2 x\,dx, Q = \int_0^{\frac{\pi}{2}}\cos^2 x\,dx, R = \dfrac{1}{2}\int_{-\frac{\pi}{2}}^{\frac{\pi}{2}}\sin^2 x\,dx$，则（ ）。

A. $P = Q = R$ B. $P = Q < R$
C. $P < Q < R$ D. $P > Q > R$

61. 设 $f(x)$ 为连续函数，则 $\int_a^b f(x)dx - \int_a^b f(a+b-x)dx = ($ $)$.

A. 0 B. 1 C. $a+b$ D. $\int_a^b f(x)dx$

62. 设 $f(2x+1) = xe^x$，则 $\int_3^5 f(x)dx = ($ $)$。

A. $2e^2$ B. $2e^2 - e$ C. e D. $e^2 - e$

63. 设 $I = \int_0^{\pi^2}\sin\sqrt{x}\,dx$，令 $t = \sqrt{x}$，则 $I = ($ $)$。

A. $2\int_0^\pi t\sin t\,dt$ B. $\int_0^\pi \sin t\,dt$ C. $2\int_0^{\pi^2} t\sin t\,dt$ D. $\int_0^{\pi^2}\sin t\,dt$

专题四：广义积分

64. 广义积分 $\int_1^{+\infty}\dfrac{1}{\sqrt{x^3}}dx = ($ $)$。

A. 1 B. 2 C. 3 D. 4

65. 广义积分 $\int_1^{+\infty} \dfrac{x+1}{\sqrt[3]{x}} dx$ ( )。

A. 发散　　　　　B. 等于 0　　　　　C. 等于 $\dfrac{1}{2}$　　　　　D. 等于 2

66. 下列广义积分中，收敛的是( )。

A. $\int_1^{+\infty} \dfrac{1}{\sqrt{x}} dx$　　　　　B. $\int_1^{+\infty} \dfrac{1}{x} dx$

C. $\int_1^{+\infty} \dfrac{1}{\sqrt[3]{x^4}} dx$　　　　　D. $\int_1^{+\infty} \sin x\, dx$

67. 广义积分 $\int_0^{+\infty} \dfrac{x}{(1+x)^3} dx$ ( )。

A. 等于 2　　　　　B. 等于 $\dfrac{1}{2}$　　　　　C. 等于 1　　　　　D. 发散

68. 设广义积分 $\int_0^{+\infty} \dfrac{dx}{1+kx^2} = 1$，则 $k = $ ( )。

A. $\dfrac{\pi}{2}$　　　　　B. $\dfrac{\pi^2}{2}$　　　　　C. $\dfrac{\sqrt{\pi}}{2}$　　　　　D. $\dfrac{\pi^2}{4}$

69. 若广义积分 $\int_{-\infty}^0 e^{-kx} dx$ 收敛，则( )。

A. $k > 0$　　　　　B. $k \geqslant 0$　　　　　C. $k < 0$　　　　　D. $k \leqslant 0$

70. 广义积分 $\int_1^{+\infty} x e^{-x^2} dx = $ ( )。

A. e　　　　　B. $\dfrac{1}{2e}$　　　　　C. $-\dfrac{1}{2e}$　　　　　D. $+\infty$

71. 若广义积分 $\int_1^{+\infty} \dfrac{1}{x^p} dx$ 收敛，则 p 应满足( )。

A. $0 < p < 1$　　　　　B. $p > 1$　　　　　C. $p < -1$　　　　　D. $p < 0$

72. 下列广义积分中，收敛的是( )。

A. $\int_e^{+\infty} \dfrac{1}{x \ln x} dx$　　　　　B. $\int_e^{+\infty} \dfrac{\ln x}{x} dx$

C. $\int_e^{+\infty} \dfrac{1}{x (\ln x)^2} dx$　　　　　D. $\int_e^{+\infty} \dfrac{1}{x \sqrt{\ln x}} dx$

73. 广义积分 $\int_{-1}^1 \dfrac{1}{x^2} dx$ ( )。

A. 等于 -2　　　　　B. 等于 2　　　　　C. 等于 0　　　　　D. 发散

74. 广义积分 $\int_0^a \dfrac{dx}{\sqrt{a^2 - x^2}} = $ ( )。

A. -1　　　　　B. π　　　　　C. $\dfrac{1}{2}\pi$　　　　　D. $\dfrac{3}{2}\pi$

75. 下列各式中，属于广义积分的是( )。

A. $\int_1^2 \dfrac{1}{x^2} dx$　　　　　B. $\int_{-1}^1 \dfrac{1}{x} dx$

C. $\int_0^{\frac{1}{2}} \dfrac{1}{\sqrt{1-x^2}} dx$　　　　　D. $\int_{-1}^1 e^{-x} dx$

专题五：定积分的应用

76. 由曲线 $y=1-\dfrac{16}{81}x^2$ 与 x 轴所围图形的面积是（　　）。
A. 4　　　　　　B. 3　　　　　　C. 2　　　　　　D. $\dfrac{5}{2}$

77. 由曲线 $y=\sin x(0\leqslant x\leqslant\pi)$ 与 x 轴所围图形的面积是（　　）。
A. 1　　　　　　B. 2　　　　　　C. 3　　　　　　D. 4

78. 由曲线 $y=x^2, y=x^3$ 所围图形的面积是（　　）。
A. $\dfrac{1}{12}$　　　　B. $\dfrac{1}{4}$　　　　C. $\dfrac{1}{3}$　　　　D. $\dfrac{7}{12}$

79. 由曲线 $y=\begin{cases}x+1,-1\leqslant x<0\\ \cos x,0\leqslant x\leqslant\dfrac{\pi}{2}\end{cases}$ 与 x 轴所围图形的面积是（　　）。
A. $\dfrac{1}{2}$　　　　B. 1　　　　C. 2　　　　D. $\dfrac{3}{2}$

80. 由曲线 $y=4-x^2$ 与直线 $y=2-x$ 所围图形的面积是（　　）。
A. $\dfrac{3}{2}$　　　　B. $\dfrac{5}{2}$　　　　C. $\dfrac{7}{2}$　　　　D. $\dfrac{9}{2}$

81. 由曲线 $y=x^2$ 与直线 $y=2x$ 所围图形的面积是（　　）。
A. $\displaystyle\int_0^2(x^2-2x)\mathrm{d}x$　　　　　　B. $\displaystyle\int_0^2(2x-x^2)\mathrm{d}x$
C. $\displaystyle\int_0^2(y^2-2y)\mathrm{d}y$　　　　　　D. $\displaystyle\int_0^2(2y-\sqrt{y})\mathrm{d}y$

82. 由曲线 $y=\cos x$ 与直线 $x=-\dfrac{\pi}{3},x=\dfrac{\pi}{3},y=0$ 所围图形的面积是（　　）。
A. $\dfrac{1}{2}$　　　　B. 1　　　　C. $\dfrac{\sqrt{3}}{2}$　　　　D. $\sqrt{3}$

83. 由曲线 $y=\mathrm{e}^x$ 与直线 $y=2,x=0$ 所围图形的面积是（　　）。
A. $\displaystyle\int_1^2\ln y\,\mathrm{d}y$　　B. $\displaystyle\int_0^{e^2}\mathrm{e}^x\mathrm{d}y$　　C. $\displaystyle\int_1^{\ln 2}\ln y\,\mathrm{d}y$　　D. $\displaystyle\int_1^2(2-\mathrm{e}^x)\mathrm{d}x$

84. 由曲线 $y=\sqrt{x}$ 与直线 $y=x-2,x=0$ 所围图形的面积是（　　）。
A. $\dfrac{10}{3}$　　　　B. 4　　　　C. $\dfrac{16}{3}$　　　　D. 6

85. 若两曲线 $y=x^2, y=cx^3(c>0)$ 所围图形的面积是 $\dfrac{2}{3}$，则 $c=$（　　）。
A. $\dfrac{1}{3}$　　　　B. $\dfrac{1}{2}$　　　　C. 1　　　　D. $\dfrac{2}{3}$

86. 由连续曲线 $y_1=f(x),y_2=g(x)$ 与直线 $x=a,x=b(a<b)$ 围成的平面图形的面积是（　　）。
A. $\displaystyle\int_a^b[f(x)-g(x)]\mathrm{d}x$　　　　　　B. $\left|\displaystyle\int_a^b[f(x)-g(x)]\mathrm{d}x\right|$
C. $\displaystyle\int_a^b[g(x)-f(x)]\mathrm{d}x$　　　　　　D. $\displaystyle\int_a^b|f(x)-g(x)|\mathrm{d}x$

87. 若过原点的直线 l 与曲线 $y=x^2-2ax(a>0)$ 所围图形的面积是 $\frac{9}{2}a^3$，则直线 l 的方程是( )。

  A. $y=\pm ax$ B. $y=ax$ C. $y=-ax$ D. $y=-5ax$

88. 曲线 $y=\cos x\left(-\frac{\pi}{2}\leqslant x\leqslant\frac{\pi}{2}\right)$ 与 x 轴所围的平面图形绕 x 轴旋转一周而成的旋转体的体积等于( )。

  A. $\frac{1}{2}\pi$ B. π C. $\frac{1}{2}\pi^2$ D. π^2

89. 曲线 $y=x^2+2$ 与直线 $y=6$ 所围的平面图形绕 y 轴旋转一周而成的旋转体的体积等于( )。

  A. 4π B. 8π C. 16π D. 32π

90. 曲线 $y=x^2$ 与 $y^2=x$ 所围的平面图形绕 y 轴旋转一周而成的旋转体的体积等于( )。

  A. π B. $\frac{1}{2}\pi$ C. $\frac{3}{10}\pi$ D. $\frac{1}{5}\pi$

91. 曲线 $y=x^2$ 与直线 $x=1, y=0$ 所围的平面图形绕 y 轴旋转一周而成的旋转体的体积等于( )。

  A. $\int_0^1 \pi x^4 \,dx$ B. $\int_0^1 \pi y \,dy$

  C. $\int_0^1 \pi (1-y) \,dy$ D. $\int_0^1 \pi (1-x^4) \,dx$

92. 由连续曲线 $y_1=f(x), y_2=g(x)$（其中 $f(x)>0, g(x)>0$）与直线 $x=a, x=b (a<b)$ 围成的平面图形绕 x 轴旋转所得旋转体的体积是( )。

  A. $\pi\int_a^b [g^2(x)-f^2(x)]\,dx$ B. $\pi\left|\int_a^b [g^2(x)-f^2(x)]\,dx\right|$

  C. $\pi\int_a^b [g(x)-f(x)]^2\,dx$ D. $\pi\int_a^b |g^2(x)-f^2(x)|\,dx$

93. 曲线 $y=\ln(1-x^2)$ 上满足 $0\leqslant x\leqslant\frac{1}{2}$ 的一段弧的弧长是( )。

  A. $\int_0^{\frac{1}{2}} \sqrt{1+\frac{-2x}{1-x^2}}\,dx$ B. $\int_0^{\frac{1}{2}} \sqrt{1+\left(\frac{1}{1-x^2}\right)^2}\,dx$

  C. $\int_0^{\frac{1}{2}} \frac{1+x^2}{1-x^2}$ D. $\int_0^{\frac{1}{2}} \sqrt{1+[\ln(1-x^2)]^2}\,dx$

94. 曲线 $y=\frac{1}{4}x^2-\frac{1}{2}\ln x$ 上自 $x=1$ 至 $x=e$ 之间的一段弧的弧长是( )。

  A. $\frac{1}{4}(e^2+2)$ B. $\frac{1}{4}(1-e^2)$

  C. $\frac{1}{4}(e^2+1)$ D. $\frac{1}{4}(e^2-1)$

95. 曲线 $\begin{cases} x=e^t\sin t \\ y=e^t\cos t \end{cases}$ 上自 $t=0$ 至 $t=\frac{\pi}{2}$ 之间的一段弧的弧长是( )。

  A. $\sqrt{2}(5-e^{\frac{\pi}{2}})$ B. $\sqrt{2}(e^{\frac{\pi}{2}}-2)$ C. $\sqrt{2}e^{\frac{\pi}{2}}$ D. $\sqrt{2}(e^{\frac{\pi}{2}}-1)$

四、章节检测

章节检测试卷（A 卷）

(一)填空题(每空 3 分,共 15 分)

1. 设 $f(x)=\begin{cases} x^2, & -1\leqslant x\leqslant 0 \\ x-1, & 0<x\leqslant 1 \end{cases}$，则 $\int_{-\frac{1}{2}}^{\frac{1}{2}} f(x)\mathrm{d}x = $ _____。

2. 导数 $\dfrac{\mathrm{d}}{\mathrm{d}x}\int_x^{10} \tan t\,\mathrm{d}t = $ _____。

3. 定积分 $\int_{-a}^{a} \dfrac{x}{1+\cos x}\mathrm{d}x = $ _____。

4. 广义积分 $\int_0^{\ln 2} \dfrac{\mathrm{e}^x}{(\mathrm{e}^x-1)^{\frac{1}{3}}}\mathrm{d}x = $ _____。

5. 椭圆 $\dfrac{x^2}{4}+\dfrac{y^2}{3}=1$ 绕 x 轴旋转而成的旋转体的体积是_____。

(二)单项选择题(每题 3 分,共 15 分)

1. 设 $f(x)$ 是 $[a,b]$ 上的连续函数,则定积分 $\int_a^b f(x)\mathrm{d}x$ 的值( )。

A. 等于由 $x=a,x=b,y=0,y=f(x)$ 所围成的曲边梯形的面积

B. 等于极限 $\lim\limits_{n\to\infty}\sum\limits_{i=1}^{n} f(\xi_i)\Delta x_i$,其中 n 是把 $[a,b]$ 等分的数

C. 是变量 x 的函数

D. 与极限 $\lim\limits_{n\to\infty}\sum\limits_{i=1}^{n} f(\xi_i)\Delta x_i$ 中的 ξ_i 的取法有关

2. 定积分 $\int_0^1 x\sqrt{1-x^2}\,\mathrm{d}x = $( )。

A. $\dfrac{1}{2}$ B. $\dfrac{1}{3}$ C. $\dfrac{1}{4}$ D. $\dfrac{1}{5}$

3. 定积分 $\int_4^9 \dfrac{\sqrt{x}}{1-\sqrt{x}}\mathrm{d}x$ 作变量代换 $t=\sqrt{x}$ 后变为( )。

A. $\int_2^3 \dfrac{t^2}{1-t}\mathrm{d}t$ B. $\int_4^9 \dfrac{t^2}{1-t}\mathrm{d}t$

C. $\int_2^3 \dfrac{2t^2}{1-t}\mathrm{d}t$ D. $\int_4^9 \dfrac{2t^2}{1-t}\mathrm{d}t$

4. 下列积分中,为通常意义下的定积分的是( )。

A. $\int_1^e \dfrac{\mathrm{d}x}{x\ln x}$ B. $\int_{-1}^1 (x-1)^2\mathrm{d}x$ C. $\int_{-1}^1 x^{-\frac{1}{3}}\mathrm{d}x$ D. $\int_1^{+\infty} \dfrac{\mathrm{d}x}{x^2}$

5. 下列命题中,正确的是( )。

A. 一切初等函数在其定义区间上都有原函数

B. 如果 $[c,d]\subset[a,b]$,则有 $\int_c^d f(x)\mathrm{d}x \leqslant \int_a^b f(x)\mathrm{d}x$

C. 一切初等函数的原函数都是初等函数

D. 如果 $\int_a^b f(x)\mathrm{d}x = 0$,则在 $[a,b]$ 上 $f(x)$ 恒为零

(三)解答题(请写出必要的计算过程和推理步骤,每题 10 分,共 70 分)

1. 求极限 $\lim\limits_{x\to 0} \dfrac{1}{x^6} \int_0^{x^2} \sin t^2 \, dt$。

2. 求定积分 $\int_0^1 \dfrac{(\arctan x)^2}{1+x^2} \, dx$。

3. 求定积分 $\int_0^1 \sqrt{4-x^2} \, dx$。

4. 求定积分 $\int_0^\pi x \sin \dfrac{x}{2} \, dx$。

5. 讨论广义积分 $\int_1^{+\infty} \dfrac{dx}{x^2(1+x)}$ 的敛散性,若收敛,求出积分值。

6. 求由曲线 $\sqrt{\dfrac{x}{2}} + \sqrt{\dfrac{y}{3}} = 1$ 与坐标轴所围图形的面积。

7. 求曲线 $\begin{cases} x = a(\cos t + t\sin t) \\ y = a(\sin t - t\cos t) \end{cases}$ 自 $t = 0$ 至 $t = \pi$ 的一段弧长。

章节检测试卷(B 卷)

(一)填空题(每空 3 分,共 15 分)

1. 设 $f(x) = \begin{cases} x, & x \geq 0 \\ e^x, & x < 0 \end{cases}$,则 $\int_{-1}^{2} f(x)\,dx = $ _____。

2. 设 $f(x) = \int_{0}^{1-x^2} e^{-t^2}\,dt$,则 $f'(x) = $ _____。

3. 设 $f(x)$ 是连续偶函数,且 $\int_{0}^{1} f(x)\,dx = \dfrac{1}{2}$,则 $\int_{-1}^{0} f(x)\,dx = $ _____。

4. 广义积分 $\int_{2}^{+\infty} \dfrac{dx}{1-x^2} = $ _____。

5. 两条抛物线 $x = 5y^2$ 与 $x = 1 + y^2$ 所围成的平面图形的面积是 _____。

(二)单项选择题(每题 3 分,共 15 分)

1. $\dfrac{d}{dx}\int_{a}^{b} \arctan x\,dx = ($ _____ $)$。

A. $\arctan x$ B. $\dfrac{1}{1+x^2}$

C. $\arctan b - \arctan a$ D. 0

2. 下列各式中,正确的是( )。

A. $\int_{0}^{1} x\,dx \leq \int_{0}^{1} x^2\,dx$ B. $\int_{0}^{\frac{\pi}{2}} \sin x\,dx \leq \int_{0}^{\frac{\pi}{2}} x\,dx$

C. $\int_{0}^{1} e^x\,dx \leq \int_{0}^{1} e^{x^2}\,dx$ D. $\int_{1}^{2} \ln x\,dx \leq \int_{1}^{2} \ln^2 x\,dx$

3. 在 $[-1, 1]$ 上,可用牛顿—莱布尼茨公式求定积分的函数是( )。

A. $\dfrac{1}{x}$ B. $\dfrac{1}{\sqrt{x^3}}$ C. $\dfrac{x}{\sqrt{1-x^2}}$ D. $\dfrac{x}{\sqrt{1+x^2}}$

4. 已知 $\int_0^1 x(a-x)\mathrm{d}x = 1$，则 $a = ($ $)$。

A. $\dfrac{8}{3}$ B. $\dfrac{4}{3}$ C. 2   D. $\dfrac{2}{3}$

5. 下列积分中，计算正确的是（ ）。

A. $\int_{-2}^{2} x\sin x\,\mathrm{d}x = 0$ B. $\int_{-2}^{2} x\cos^2 x\,\mathrm{d}x = 0$

C. $\int_{-\infty}^{0} \mathrm{e}^{-x}\,\mathrm{d}x = 1$ D. $\int_{-\infty}^{0} \sin 2x\,\mathrm{d}x = \pi$

（三）解答题（请写出必要的计算过程和推理步骤，每题 10 分，共 70 分）

1. 求定积分 $\int_0^{\frac{\pi}{2}} \cos^6 x \cdot \sin(2x)\,\mathrm{d}x$。

2. 求定积分 $\int_1^4 \dfrac{x}{\sqrt{2+4x}}\,\mathrm{d}x$。

3. 求定积分 $\int_0^1 (x^2 - x + 1)^{-\frac{3}{2}}\,\mathrm{d}x$。

4. 求定积分 $\int_{\frac{1}{e}}^{e} |\ln x|\,\mathrm{d}x$。

5. 讨论广义积分 $\int_0^{\frac{1}{2}} \frac{\mathrm{d}x}{\sqrt{x-x^2}}$ 的敛散性,若收敛,求出积分值。

6. 求由 $y = x^3, x = 2$ 及 $y = 0$ 所围图形绕 x 轴旋转而成的旋转体的体积。

7. 求曲线 $\int_{-\frac{\pi}{2}}^{x} \sqrt{\cos t}\,\mathrm{d}t$ 上从 $x = -\frac{\pi}{2}$ 到 $x = \frac{\pi}{2}$ 的弧的弧长。

五、答案解析

同步练习参考答案

专题一答案　1—5:CDDBB　　6—10:DCDAB　　11:B
专题二答案　12—15:CCDA　　16—20:ACBDC　　21—25:DDBAD
　　　　　　26—30:DBCAC　　31—35:BDACC　　36—37:AA
专题三答案　38—40:BAB　　41—45:CACDD　　46—50:CDACA
　　　　　　51—55:CAAAB　　56—60:ACBCA　　61—63:AAA
专题四答案　64—65:BA　　66—70:CBDCB　　71—75:BCDCB
专题五答案　76—80:BBADD　　81—85:BDACB　　86—90:DBCBC
　　　　　　91—95:CDCCD

章节检测试卷(A卷)参考答案

(一)填空题

1. $-\frac{1}{3}$;2. $-\tan x$;3. 0;4. $\frac{3}{2}$;5. 8π。

(二)单项选择题

1—5：BBCBA

(三)解答题

1. 解：$\lim\limits_{x\to 0}\dfrac{1}{x^6}\int_0^{x^2}\sin t^2 dt = \lim\limits_{x\to 0}\dfrac{2x\sin(x^4)}{6x^5} = \lim\limits_{x\to 0}\dfrac{2x\cdot x^4}{6x^5} = \dfrac{1}{3}$。

2. 解：$\int_0^1\dfrac{(\arctan x)^2}{1+x^2}dx = \int_0^1(\arctan x)^2 d\arctan x = \dfrac{1}{3}(\arctan x)^3\Big|_0^1 = \dfrac{\pi^3}{192}$。

3. 解：设 $x = 2\sin t$，则 $dx = 2\cos t dt$。

$$\int_0^1\sqrt{4-x^2}dx = 2\int_0^{\frac{\pi}{6}}\sqrt{4-4\sin^2 t}\cos t dt = 4\int_0^{\frac{\pi}{6}}\cos^2 t dt = 2\int_0^{\frac{\pi}{6}}(1+\cos 2t)dt$$
$$= 2\left[t+\dfrac{1}{2}\sin 2t\right]_0^{\frac{\pi}{6}} = \dfrac{\pi}{3}+\dfrac{\sqrt{3}}{2}$$。

4. 解：$\int_0^{\pi}x\sin\dfrac{x}{2}dx = -2\int_0^{\pi}x d\cos\dfrac{x}{2} = -2x\cos\dfrac{x}{2}\Big|_0^{\pi} + 2\int_0^{\pi}\cos\dfrac{x}{2}dx = 4\int_0^{\pi}\cos\dfrac{x}{2}d\dfrac{x}{2}$
$= 4\sin\dfrac{x}{2}\Big|_0^{\pi} = 4$。

5. 解：$\int_1^{+\infty}\dfrac{dx}{x^2(1+x)} = \int_1^{+\infty}\left(\dfrac{1}{x^2}-\dfrac{1}{x}+\dfrac{1}{1+x}\right)dx = \lim\limits_{b\to +\infty}\left[-\dfrac{1}{x}-\ln x + \ln(1+x)\right]_1^b$
$= \lim\limits_{b\to +\infty}\left[-\dfrac{1}{x}+\ln\left(\dfrac{1}{x}+1\right)\right]_1^b = 1-\ln 2$。

6. 解：曲线 $\sqrt{\dfrac{x}{2}}+\sqrt{\dfrac{y}{3}}=1$ 与坐标轴的交点是 $(2,0),(0,3)$。

面积是 $\int_0^2 y dx = \int_0^2 3\left(1-\sqrt{\dfrac{x}{2}}\right)^2 dx = 3\int_0^2\left(1-2\sqrt{\dfrac{x}{2}}+\dfrac{x}{2}\right)dx$
$= 3\left[x-\dfrac{2\sqrt{2}}{3}x^{\frac{3}{2}}+\dfrac{x^2}{4}\right]_0^2 = 1$。

7. 解：$dx = at\cos t dt, dy = at\sin t dt$，弧长元素是 $ds = \sqrt{(at\cos t)^2+(at\sin t)^2}dt = at dt$。
弧长是 $\int_0^{\pi} at dt = \dfrac{a}{2}t^2\Big|_0^{\pi} = \dfrac{a}{2}\pi^2$。

章节检测试卷(B卷)参考答案

(一)填空题

1. $3-\dfrac{1}{e}$；2. $-2xe^{-(1-x^2)^2}$；3. $\dfrac{1}{2}$；4. $-\dfrac{1}{2}\ln 3$；5. $\dfrac{2}{3}$。

(二)单项选择题

1—5：DBDAB

(三)解答题

1. 解：$\int_0^{\frac{\pi}{2}}\cos^6 x\cdot\sin(2x)dx = 2\int_0^{\frac{\pi}{2}}\cos^7 x\cdot\sin x dx = -2\int_0^{\frac{\pi}{2}}\cos^7 x d\cos x$
$= -\dfrac{1}{4}\cos^8 x\Big|_0^{\frac{\pi}{2}} = \dfrac{1}{4}$。

2. 解：$\int_1^4\dfrac{x}{\sqrt{2+4x}}dx = \dfrac{1}{16}\int_1^4\dfrac{4x}{\sqrt{2+4x}}d(2+4x) = \dfrac{1}{16}\int_1^4\dfrac{2+4x-2}{\sqrt{2+4x}}d(2+4x)$

$$= \frac{1}{16}\int_1^4 \left(\sqrt{2+4x} - \frac{2}{\sqrt{2+4x}}\right)\mathrm{d}(2+4x)$$

$$= \left[\frac{\sqrt{(2+4x)^3}}{24} - \frac{\sqrt{2+4x}}{4}\right]_1^4 = \frac{3\sqrt{2}}{2}.$$

3. 解:$\int_0^1 (x^2-x+1)^{-\frac{3}{2}}\mathrm{d}x = \int_0^1 \left[\left(x-\frac{1}{2}\right)^2 + \frac{3}{4}\right]^{-\frac{3}{2}}\mathrm{d}x$。

设 $x - \frac{1}{2} = \frac{\sqrt{3}}{2}\tan t$,则 $\mathrm{d}x = \frac{\sqrt{3}}{2}\sec^2 t\mathrm{d}t$。

$$\int_0^1 (x^2-x+1)^{-\frac{3}{2}}\mathrm{d}x = \int_{-\frac{\pi}{6}}^{\frac{\pi}{6}} \left[\frac{3}{4}\tan^2 t + \frac{3}{4}\right]^{-\frac{3}{2}} \frac{\sqrt{3}}{2}\sec^2 t\mathrm{d}t = \frac{4}{3}\int_{-\frac{\pi}{6}}^{\frac{\pi}{6}} \cos t\mathrm{d}t$$

$$= \frac{8}{3}\int_0^{\frac{\pi}{6}} \cos t\mathrm{d}t = \frac{8}{3}\sin\frac{\pi}{6} = \frac{4}{3}.$$

4. 解:$\int \ln x\mathrm{d}x = x\ln x - \int x\mathrm{d}\ln x = x\ln x - x + C$。

$$\int_{\frac{1}{e}}^{e} |\ln x|\mathrm{d}x = -\int_{\frac{1}{e}}^{1} \ln x\mathrm{d}x + \int_1^e \ln x\mathrm{d}x = [x - x\ln x]_{\frac{1}{e}}^{1} + [x\ln x - x]_1^e = 2 - \frac{2}{e}.$$

5. 解:$\int_0^{\frac{1}{2}} \frac{\mathrm{d}x}{\sqrt{x-x^2}} = \lim_{\varepsilon \to 0^+} \int_{\varepsilon}^{\frac{1}{2}} \frac{\mathrm{d}x}{\sqrt{x-x^2}} = \lim_{\varepsilon \to 0^+} \int_{\varepsilon}^{\frac{1}{2}} \frac{\mathrm{d}x}{\sqrt{x}\sqrt{1-(\sqrt{x})^2}} = 2\lim_{\varepsilon \to 0^+} \int_{\varepsilon}^{\frac{1}{2}} \frac{\mathrm{d}\sqrt{x}}{\sqrt{1-(\sqrt{x})^2}}$

$$= 2\lim_{\varepsilon \to 0^+} \arcsin\sqrt{x}\Big|_{\varepsilon}^{\frac{1}{2}} = 2\lim_{\varepsilon \to 0^+}\left(\frac{\pi}{4} - \arcsin\varepsilon\right) = 2\left(\frac{\pi}{4} - 0\right) = \frac{\pi}{2}.$$

6. 解:体积是 $\pi\int_0^2 (x^3)^2\mathrm{d}x = \pi\int_0^2 x^6\mathrm{d}x = \frac{\pi}{7}x^7\Big|_0^2 = \frac{2^7\pi}{7} = \frac{128}{7}\pi.$

7. 解:$y' = \sqrt{\cos x}$,弧长元素是 $\mathrm{d}s = \sqrt{1+(\sqrt{\cos x})^2}\mathrm{d}x = \sqrt{1+\cos x}\mathrm{d}x = \sqrt{2\cos^2\frac{x}{2}}\mathrm{d}x.$

弧长是 $s = \int_{-\frac{\pi}{2}}^{\frac{\pi}{2}} \sqrt{2\cos^2\frac{x}{2}}\mathrm{d}x = 2\sqrt{2}\int_0^{\frac{\pi}{2}} \cos\frac{x}{2}\mathrm{d}x = 4\sqrt{2}\int_0^{\frac{\pi}{2}} \cos\frac{x}{2}\mathrm{d}\frac{x}{2} = 4\sqrt{2}\sin\frac{x}{2}\Big|_0^{\frac{\pi}{2}}$

$$= 4\sqrt{2}\sin\frac{\pi}{4} = 4.$$

第七章 微分方程

学习数学要多做习题,边做边思索.先知其然,然后知其所以然。

——苏步青

苏步青(1902年9月23日—2003年3月17日),浙江温州平阳人,祖籍福建省泉州市,中国科学院院士、中国著名数学家、教育家,中国微分几何学派创始人,被誉为"东方国度上灿烂的数学明星""东方第一几何学家""数学之王"。

苏步青主要从事微分几何学和计算几何学等方面的研究,在仿射微分几何学和射影微分几何学研究方面取得出色成果,在一般空间微分几何学、高维空间共轭理论、几何外型设计、计算机辅助几何设计等方面都取得突出成就.从1927年起在国内外发表数学论文160余篇,出版了10多部专著,他创立了国际公认的浙江大学微分几何学派。

一、基本要求

1. 了解微分方程及其阶、线性微分方程、微分方程的解、通解、初始条件和特解等概念;
2. 掌握可分离变量的微分方程及一阶线性微分方程的解法,会解一阶齐次微分方程;
3. 会用降阶法求解几种特殊类型的高阶微分方程;
4. 了解二阶线性微分方程解的性质与解的结构;
5. 掌握二阶线性常系数微分方程的解法。

二、内容概要

(一)微分方程的基本概念

1. 微分方程
含有未知函数的导数或者微分的方程,称为微分方程。

2. 常微分方程
如果微分方程中的未知函数是一元函数,则称其为常微分方程。

3. 微分方程的阶
微分方程中所出现的未知函数的导数的最高阶数,称为微分方程的阶。

4. 线性微分方程
如果微分方程可化为 $y^{(n)}+a_1(x)y^{(n-1)}+\cdots+a_{n-1}(x)y'+a_n(x)y=f(x)$ 的形式,则称其为线性微分方程。

5. 微分方程的解
如果把一个函数代入微分方程,能使该方程两端相等,则这个函数称为这个微分方程的解。

6. 微分方程的通解
如果微分方程的解中包含任意常数,且独立的任意常数的个数等于微分方程的阶数,则称其为微分方程的通解。

7. 微分方程的特解

如果微分方程的解中不包含任意常数,则称其为微分方程的特解。

8. 微分方程的初始条件

特别指定当自变量取定某个特定的值时,未知函数及其导数为某确定的值,这种特定条件称为微分方程的初始条件。

(二)一阶微分方程

1. 可分离变量的微分方程

如果一阶微分方程可以化为

$$g(y)dy = f(x)dx$$

的形式,则称其为可分离变量的微分方程。

对该方程两边同时积分,即可得到其通解,即 $\int g(y)dy = \int f(x)dx$。

2. 齐次方程

如果一阶微分方程可以化为 $\dfrac{dy}{dx} = f\left(\dfrac{y}{x}\right)$ 的形式,则称其为齐次方程。

若令 $u = \dfrac{y}{x}$,即 $y = ux$,原方程就化为可分离变量的微分方程,从而可以求得通解。

3. 一阶线性微分方程

方程类型	方程表达式	解法与解的表达式
一阶线性齐次微分方程	$\dfrac{dy}{dx} + P(x)y = 0$	可分离变量 $y = Ce^{-\int P(x)dx}$
一阶线性非齐次微分方程	$\dfrac{dy}{dx} + P(x)y = Q(x)$	常数变易法 $y = e^{-\int P(x)dx}\left(\int Q(x)e^{\int P(x)dx}dx + C\right)$

定理(通解结构) 一阶线性非齐次微分方程的通解由其对应的齐次微分方程的通解与其自身的一个特解之和而构成。

(三)可降阶的高阶微分方程

1. $y^{(n)} = f(x)$ 型微分方程

对方程连续积分 n 次,可得到方程的含有 n 个任意常数的通解。

2. $y'' = f(x, y')$ 型微分方程

令 $p = y'$,则 $y'' = \dfrac{dp}{dx} = p'$,原方程化为一阶方程 $p' = f(x, p)$。解得 p 后,用 $p = y'$ 代回,再求出 y,得到原方程的通解。

3. $y'' = f(y, y')$ 型微分方程

令 $p = y'$,则 $y'' = \dfrac{dp}{dx} = \dfrac{dp}{dy} \cdot \dfrac{dy}{dx} = p\dfrac{dp}{dy}$,原方程化为一阶方程 $p\dfrac{dp}{dy} = f(y, p)$。解得 p 后,用 $p = y'$ 代回,再求出 y,得到原方程的通解。

(四)二阶线性常系数微分方程

1. 二阶线性常系数齐次微分方程

(1)基本原理

定理 1(叠加原理) 如果 $y=y_1(x),y=y_2(x)$ 是方程 $y''+py'+qy=0$ 的两个解,则 $y=C_1y_1(x)+C_2y_2(x)$ 也是该方程的解,其中 C_1,C_2 为任意常数。

定理 2(通解结构) 如果 $y=y_1(x),y=y_2(x)$ 是方程 $y''+py'qy=0$ 的两个解,且 $\dfrac{y_2(x)}{y_1(x)}\neq$ 常数,则 $y=C_1y_1(x)+C_2y_2(x)$ 是该方程的通解,其中 C_1,C_2 为任意常数.

(2)基本解法

写出特征方程 $r^2+pr+q=0$,求出特征方程的两个特征根 r_1,r_2,根据特征根的三种不同情况,分别得到方程通解的三种结果:

当 r_1,r_2 为两个不相等的实根时,其通解为 $y=C_1 e^{r_1 x}+C_2 e^{r_2 x}$;

当 r_1,r_2 为两个相等的实根时,其通解为 $y=(C_1+C_2 x)e^{r_1 x}$;

当 r_1,r_2 为一对共轭复根 $r_{1,2}=\alpha\pm\beta i$ 时,其通解为 $y=e^{\alpha x}(C_1\cos\beta x+C_2\sin\beta x)$,其中 C_1,C_2 为任意常数。

2. 二阶线性常系数非齐次微分方程

(1)基本原理

定理 3(通解结构) 如果 $y^*=y^*$ 是 $y''+py'+qy=f(x)$ 的特解,$Y=C_1y_1(x)+C_2y_2(x)$ 是对应的齐次方程 $y''+py'+qy=0$ 的通解,则 $y''+py'+qy=f(x)$ 的通解是 $y=Y+y^*=C_1y_1(x)+C_2y_2(x)+y^*$。

定理 4(叠加原理) 如果 $y=y_1^*(x),y=y_2^*(x)$ 分别是方程 $y''+py'+qy=f_1(x)$ 和 $y''+py'+qy=f_2(x)$ 的特解,则 $y^*=y_1^*(x)+y_2^*(x)$ 是方程 $y''+py'+qy=f_1(x)+f_2(x)$ 的特解。

(2)基本解法

二阶线性常系数非齐次方程的通解 y 等于对应齐次方程的通解 Y 加上非齐次方程的一个特解 y^*。

求 y^* 用待定系数法,先根据自由项 $f(x)$ 的形式设出特解 y^*,代入方程中再确定待定系数,最后得到特解 y^*。

自由项类型	特解结构
$f(x)=P_m(x)e^{\lambda x}$	$y^*=x^k Q_m(x)e^{\lambda x}$,其中 k 按照 λ 不是特征方程的根、是特征方程的单根、是特征方程的重根依次取 0、1、2
$f(x)=e^{\lambda x}[P_l(x)\cos\omega x+P_n(x)\sin\omega x]$	$y^*=x^k e^{\lambda x}[Q_m(x)\cos\omega x+R_m(x)\sin\omega x]$,其中 $m=\max\{l,n\}$,而 k 按照 $\lambda\pm\omega i$ 不是特征方程的根或是特征方程的根依次取 0、1

三、同步练习

专题一:微分方程的基本概念

1. 下列各式中,属于微分方程的是(　　)。

　　A. $dy=(4x-1)dx$　　　　　　　　B. $y=2x+1$

C. $y^2-3y+2=0$ D. $\int \sin x \, dx = 0$

2. 下列各式中,不属于微分方程的是(　　)。
A. $y'=-3y$ B. $y=2x+1$
C. $\dfrac{d^2y}{dx^2}=3x+\sin x$ D. $(x^2+y^2)dx=(y^2-x^2)dy$

3. 微分方程$(yy'')^4+3y^4-xy=0$的阶数是(　　)。
A. 1 B. 3 C. 2 D. 4

4. 下列各式中,不属于一阶微分方程的是(　　)。
A. $dy=dx$ B. $(y')^2+y=0$
C. $x^2y'+y^4=x$ D. $\dfrac{d^2x}{dt^2}=x$

5. 下列各式中,属于二阶微分方程的是(　　)。
A. $xy''-x^2y'+y^3=e^x$ B. $x^2+\left(\dfrac{dy}{dx}\right)^2=1$
C. $y^2-(y')^2=\sin x$ D. $x^2+y^2=2x-4y$

6. 下列微分方程中,阶数最高的是(　　)。
A. $x^5y'+xy^2=0$ B. $yy''-e^x=0$
C. $x(y')^3+y\cos x=1$ D. $x^9 dx-y^9 dy=0$

7. 下列微分方程中,阶数与其他三个不同的是(　　)。
A. $x(y')^2-2yy'c+x=0$ B. $x^2y''-xy'+y=0$
C. $\dfrac{d\rho}{d\theta}+\rho=\sin^2\theta$ D. $(7x-6y)dx+(x+y)dy=0$

8. 下列各式中,属于线性微分方程的是(　　)。
A. $y'+y^3=0$ B. $y'-y\cos y=x$
C. $y'+xy=x^2$ D. $y'-\cos y+y=x$

9. 函数$y=xe^x$是微分方程$y'+ay=e^x$的解,则$a=$(　　)。
A. 0 B. -1 C. 1 D. 2

10. 下列函数中,为微分方程$y'+y=0$的解的是(　　)。
A. $y=e^x$ B. $y=-e^x$ C. $y=e^{-x}$ D. $y=e^x+e^{-x}$

11. 函数$y=2e^{4x}$是微分方程$y''-6y'+8y=0$的(　　)。
A. 通解 B. 特解
C. 不是解 D. 是解,但既非特解,也非通解

12. 微分方程$(x+1)y''+2xy'-2y=0$的一个特解是(　　)。
A. $y=x-1$ B. $y=x$ C. $y=x+1$ D. $y=x^2$

13. 积分曲线$y=(C_1+C_2 x)e^{2x}$中满足$y|_{x=0}=0, y'|_{x=0}=1$的曲线是(　　)。
A. $y=xe^{2x}$ B. $y=(x+1)e^{2x}$ C. $y=x^2 e^{2x}$ D. $y=e^{2x}$

14. 下列命题中,正确的是(　　)。
A. 微分方程的通解包含了该方程的所有解
B. 如果微分方程的解中包含了任意常数,则这个解是该方程的通解
C. 每个微分方程的通解都存在
D. 一阶微分方程的通解包含一个任意常数

15. 对于二阶微分方程而言,下列命题中正确的是(   )。
   A. 通解不含有任意常数
   B. 通解含有一个任意常数
   C. 通解含有两个独立的任意常数
   D. 通解含有三个任意常数

专题二：一阶微分方程

16. 下列各式中,属于可分离变量的微分方程的是(   )。
   A. $\dfrac{dy}{dx}=x+y$
   B. $\dfrac{dy}{dx}=x+xy$
   C. $\dfrac{dy}{dx}=\sin x+xy$
   D. $\dfrac{dy}{dx}=(x+y)y$

17. 微分方程 $y'-y=0$ 的通解是(   )。
   A. $y=e^x+C$
   B. $y=e^{-x}+C$
   C. $y=Ce^x$
   D. $y=Ce^{-x}$

18. 微分方程 $xy'+y=3$ 的通解是(   )。
   A. $y=\dfrac{C}{x}+3$
   B. $y=\dfrac{3}{x}+C$
   C. $y=-\dfrac{C}{x}-3$
   D. $y=\dfrac{C}{x}-3$

19. 微分方程 $dy=2xydx$ 的通解是(   )。
   A. $y=Cx^2$
   B. $y=Ce^{x^2}$
   C. $y=x^2+C$
   D. $y=e^{x^2}+C$

20. 微分方程 $\cos y dy=\sin x dx$ 的通解是(   )。
   A. $\sin x+\cos y=C$
   B. $\cos x+\sin y=C$
   C. $\cos x-\sin y=C$
   D. $\cos y-\sin x=C$

21. 微分方程 $(1-x^2)y=xy'$ 的通解是(   )。
   A. $y=C\sqrt{1-x^2}$
   B. $y=\dfrac{C}{\sqrt{1-x^2}}$
   C. $y=Cxe^{-\frac{x^2}{2}}$
   D. $y=-\dfrac{1}{2}x^3+Cx$

22. 微分方程 $(2x-xy)dy=2ydx$ 的通解是(   )。
   A. $y=x^2e^y$
   B. $y^2=x^2e^y$
   C. $y=Cx^2e^y$
   D. $y^2=Cx^2e^y$

23. 微分方程 $y\ln x dx=x\ln y dy$ 满足初始条件的 $y|_{x=1}=1$ 特解是(   )。
   A. $\ln^2 x+\ln^2 y=0$
   B. $\ln^2 x+\ln^2 y=1$
   C. $\ln^2 x=\ln^2 y$
   D. $\ln^2 x=\ln^2 y+1$

24. 微分方程 $y'=3y^{\frac{2}{3}}$ 的一个特解是(   )。
   A. $y=(x+2)^3$
   B. $y=x^3+1$
   C. $y=(x+C)^3$
   D. $y=C(x+1)^3$

25. 微分方程 $xy'=y\ln y-y\ln x$ 是(   )。
   A. 可分离变量的微分方程
   B. 齐次方程
   C. 一阶线性微分方程
   D. 以上都不对

26. 微分方程 $y'=\dfrac{x^2}{y^2}+\dfrac{y}{x}$, $y|_{x=1}=3$ 的特解是(   )。
   A. $y^3=3x^3(\ln|x|+C)$
   B. $y^3=3x^3(\ln|x|+9)$
   C. $y=3x\ln|x|+C$
   D. $y=3x\ln|x|+2$

27. 微分方程 $y' + \dfrac{y}{x} = \dfrac{1}{x(x^2+1)}$ 的通解是（ ）。

   A. $y = \arctan x + C$
   B. $y = \dfrac{1}{x}(\arctan x + C)$
   C. $y = \dfrac{1}{x}\arctan x + C$
   D. $y = \arctan x + \dfrac{C}{x}$

28. 微分方程 $y'\cos x + y\sin x = 1$ 的通解是（ ）。

   A. $y = \sin x + \cos x$
   B. $y = \sin x - \cos x$
   C. $y = \sin^2 x + C\cos x$
   D. $y = \sin x + C\cos x$

29. 微分方程 $xy' + y = x^2 + 2$ 的通解是（ ）。

   A. $y = \dfrac{1}{3}x^2 + 2 + \dfrac{C}{x}$
   B. $y = \dfrac{1}{3}x^3 + \dfrac{C}{x}$
   C. $y = x^2 + 2 + \dfrac{C}{x}$
   D. $y = x^2 + 2 + C$

30. 微分方程 $\dfrac{\mathrm{d}x}{\mathrm{d}y} - \dfrac{x}{y} = 2y^2$ 的通解是（ ）。

   A. $x = y(y^2 + C)$ B. $y = x(x^2 + C)$ C. $x = y(2y^2 + C)$ D. $x = y^3 + C$

31. 如果 $y = \mathrm{e}^x + \displaystyle\int_0^x y(t)\,\mathrm{d}t$，则函数 $y(x)$ 的表达式是（ ）。

   A. $y = x\mathrm{e}^x + C$ B. $y = x\mathrm{e}^x$ C. $y = (x+C)\mathrm{e}^x$ D. $y = (x+1)\mathrm{e}^x$

32. 如果 y_1, y_2 是一阶线性非齐次微分方程 $y' + P(x)y = Q(x)$ 的两个特解，要使 $\alpha y_1 + \beta y_2$ 也是方程的解，则 α 与 β 应满足的关系是（ ）。

   A. $\alpha + \beta = \dfrac{1}{2}$ B. $\alpha + \beta = 1$ C. $\alpha\beta = 0$ D. $\alpha = \beta = \dfrac{1}{2}$

33. 如果 y_1 是一阶线性齐次微分方程 $y' + P(x)y = 0$ 的解，y_2 是一阶线性非齐次微分方程 $y' + P(x)y = Q(x)$ 的解，则下列函数是 $y' + P(x)y = Q(x)$ 的解的是（ ）。

   A. $y = Cy_1 + y_2$
   B. $y = y_1 + Cy_2$
   C. $y = C(y_1 + y_2)$
   D. $y = Cy_1 - y_2$

34. 如果 y_1 是微分方程 $y' + P(x)y = Q(x)$ 的一个特解，则该方程的通解是（ ）。

   A. $y = y_1 + \mathrm{e}^{-\int P(x)\mathrm{d}x}$
   B. $y = y_1 + C\mathrm{e}^{-\int P(x)\mathrm{d}x}$
   C. $y = y_1 + \mathrm{e}^{-\int P(x)\mathrm{d}x} + C$
   D. $y = y_1 + C\mathrm{e}^{\int P(x)\mathrm{d}x}$

35. 如果一阶线性非齐次微分方程 $y' + P(x)y = Q(x)$ 有两个不同的解 y_1, y_2，则该方程的通解是（ ）。

   A. $y = C(y_1 - y_2)$
   B. $y = y_1 + C(y_1 - y_2)$
   C. $y = C(y_1 + y_2)$
   D. $y = y_1 + Cy_1 y_2$

36. 如果 $y' + p(x)y = 0$ 的一个特解为 $y = \cos 2x$，则该方程满足初始条件 $y(0) = 2$ 的特解是（ ）。

   A. $y = 2\sin 2x$ B. $y = 2\sin x$ C. $y = 2\cos x$ D. $y = 2\cos 2x$

专题三：可降阶的高阶微分方程

37. 微分方程 $y'' = \mathrm{e}^{-x}$ 的通解是 $y = $（ ）。

   A. $\mathrm{e}^{-x} + C_1 x + C_2$ B. $-\mathrm{e}^{-x} + C_1 x + C_2$ C. e^{-x} D. $-\mathrm{e}^{-x}$

38. 下列方程中,可利用 $p=y'$,$p'=y''$ 降为 p 的一阶微分方程的是( )。
   A. $(y'')^2+xy'-x=0$ B. $y''+yy'+y^2=0$
   C. $y''+y^2y'-y^2x=0$ D. $y''+yy'+x=0$

专题四:二阶线性微分方程解的结构

39. 如果 y_1 与 y_2 是某个二阶线性齐次微分方程的解,则 $y=C_1y_1+C_2y_2$(C_1,C_2 为任意常数)必是该方程的( )。
   A. 通解   B. 特解   C. 解   D. 全部解

40. 如果 y_1,y_2 是二阶线性常系数齐次为微分方程 $y''+py'+qy=0$ 的两个解,则下列说法不正确的是( )。
   A. y_1+y_2 是此方程的一个解
   B. y_1-y_2 是此方程的一个解
   C. $C_1y_1+C_2y_2$ 是此方程的通解
   D. 若 y_1,y_2 线性无关,则 $C_1y_1+C_2y_2$ 是此方程的通解

41. 下列函数中,是线性无关的是( )。
   A. $\ln x$ 与 $\ln x^3$ B. $\ln x$ 与 x C. x 与 $\ln 3^x$ D. $\ln \sqrt{x}$ 与 $\ln x^3$

42. 对于二阶线性非齐次微分方程而言,下列命题中不正确的是( )。
   A. 其一个特解加上对应齐次微分方程的一个特解是其通解
   B. 其一个特解加上对应齐次微分方程的一个特解是其特解
   C. 其一个特解加上对应齐次微分方程的通解是其通解
   D. 其一个特解加上对应齐次微分方程的通解是其解

43. 已知方程 $xy''+y'=4x$ 的一个特解为 $y=x^2$,又对应的齐次方程 $xy''+y'=0$ 有一个特解 $y=\ln x$,则原方程的通解 $y=($)。
   A. $C_1\ln x+C_2+x^2$ B. $C_1\ln x+C_2x+x^2$
   C. $C_1\ln x+C_2e^x+x^2$ D. $C_1\ln x+C_2e^{-x}+x^2$

44. 如果线性无关的函数 y_1,y_2,y_3 都是二阶线性非齐次方程 $y''+p(x)y'+q(x)y=f(x)$ 的解,则该方程的通解 $y=($)。
   A. $C_1y_1+C_2y_2+y_3$ B. $C_1y_1+C_2y_2-(C_1+C_2)y_3$
   C. $C_1y_1+C_2y_2-(1-C_1-C_2)y_3$ D. $C_1y_1+C_2y_2+(1-C_1-C_2)y_3$

专题五:二阶线性常系数齐次微分方程

45. 二阶线性常系数齐次微分方程 $y''+py'+qy=0$ 的通解为 $y=C_1e^{r_1x}+C_2e^{r_2x}$($r_1\neq r_2$),则有( )。
   A. $p^2-4q>0$ B. $p^2-4q<0$ C. $p^2-4q=0$ D. $p=q=0$

46. 微分方程 $y''-y=0$ 的通解是( )。
   A. $y=C_1e^x+C_2e^{-x}$ B. $y=(C_1+C_2x)e^{-x}$
   C. $y=(C_1+C_2x)e^x$ D. $y=e^x(C_1\cos x+C_2\sin x)$

47. 以函数 $y=C_1e^{-x}+C_2e^{11x}$ 为通解的微分方程是( )。
   A. $y''-10y'-11y=x^2$ B. $y''-10y'-11y=0$
   C. $y''-10y'-11y=2x\sin x$ D. $y''-10y'+9y=0$

48. 微分方程 $y''=y'$ 的通解是（　　）。

A. $y=C_1x+C_2e^x$　　　　　　　　B. $y=C_1+C_2e^x$

C. $y=C_1+C_2x$　　　　　　　　　D. $y=C_1x+C_2x^2$

49. 设 λ 为实常数，微分方程 $y''+2\lambda y'+\lambda^2 y=0$ 的通解是（　　）。

A. $y=C_1e^{-\lambda x}+C_2$　　　　　　　B. $y=C_1\cos \lambda x+C_2\sin \lambda x$

C. $y=e^{-\lambda x}(C_1\cos \lambda x+C_2\sin \lambda x)$　　D. $y=(C_1+C_2x)e^{-\lambda x}$

50. 微分方程 $y''+\omega^2 y=0$ 的通解是（　　）。

A. $y=C\cos \omega x$　　　　　　　　B. $y=C\sin \omega x$

C. $y=C_1\cos \omega x+C_2\sin \omega x$　　D. $y=C\cos \omega x+C\sin \omega x$

专题六：二阶线性常系数非齐次微分方程

51. 微分方程 $y''+4y'-3y=5$ 所对应的齐次微分方程的特征方程是（　　）。

A. $r^2+4r-3=5$　　　　　　　　B. $r^2+4r-3=0$

C. $r+4r-3=5$　　　　　　　　　D. $r^2+4r-3r=0$

52. 微分方程 $y''+4y'-3=0$ 所对应的齐次微分方程的特征方程是（　　）。

A. $r^2+4r-3=0$　　　　　　　　B. $r^2+4r=0$

C. $r^2-4r-3=0$　　　　　　　　D. $r^2-4r-3r=0$

53. 微分方程 $y''+y'+y=2e^{2x}$ 的一个特解是（　　）。

A. $y=\dfrac{3}{7}e^{2x}$　　B. $y=\dfrac{3}{7}e^x$　　C. $y=\dfrac{2}{7}xe^{2x}$　　D. $y=\dfrac{2}{7}e^{2x}$

54. 如果 $x(t)=-\dfrac{1}{4}\cos 2t$ 是方程 $\dfrac{d^2x}{dt^2}+4x=\sin 2t$ 的一个特解，则该方程的通解是（　　）。

A. $x=C_1\sin 2t+C_2\cos 2t-\dfrac{1}{4}\cos 2t$　　B. $x=C_1\sin 2t-\cos 2t$

C. $x=(C_1+C_2t)e^{2t}-\dfrac{1}{4}\cos 2t$　　D. $x=C_1e^{2t}+C_2e^{-2t}-\dfrac{1}{4}\cos 2t$

55. 微分方程 $y''+2y'+1=0$ 的通解是（　　）。

A. $y=(C_1+C_2x)e^{-x}$　　　　　　B. $y=C_1e^x+C_2e^{-x}$

C. $y=C_1+C_2e^{-2x}-\dfrac{1}{2}x$　　　　D. $y=C_1\cos x+C_2\sin x-\dfrac{1}{2}x$

56. 微分方程 $y''-3y'+2y=4e^x$ 的特解形式是 $y^*=$（　　）。

A. Ax^2e^x　　B. $(Ax^2+Bx+C)e^x$　　C. Axe^{2x}　　D. Axe^x

57. 微分方程 $y''-4y'+4y=8e^{2x}$ 的特解形式是 $y^*=$（　　）。

A. Ae^{2x}　　B. Ax^2e^x+B　　C. Axe^x　　D. Ax^2e^{2x}

58. 微分方程 $y''-y=e^x+1$ 的特解形式是 $y^*=$（　　）。

A. ae^x+b　　B. axe^x+bx　　C. ae^x+bx　　D. axe^x+b

59. 微分方程 $y''-2y'+y=e^x+x$ 的特解形式是 $y^*=$（　　）。

A. Ax^2e^x+Bx+C　　　　　　B. Ae^x+Bx+C

C. $Ae^x+x^2(Bx+C)$　　　　　　D. Axe^x+Bx+C

60. 微分方程 $y''+3y'+2y=\sin x$ 的特解形式是 $y^*=$（　　）。

A. $a\sin x$　　B. $a\cos x$　　C. $a\cos x+b\sin x$　　D. $x(a\cos x+b\sin x)$

61. 微分方程 $y''+y=x\cos 2x$ 的特解形式是 $y^*=$（　　）。
A. $(Ax+B)\cos 2x+(Cx+D)\sin 2x$　　B. $(Ax^2+Bx)\cos 2x$
C. $A\cos 2x+B\sin 2x$　　D. $(Ax+B)\cos 2x$

62. 微分方程 $y''-2y'+2y=e^x\cos x$ 的特解形式是 $y^*=$（　　）。
A. $axe^x\cos x$　　B. $axe^x\cos x+bxe^x\sin x$
C. $ax^2e^x\cos x+bx^2e^x\sin x$　　D. $ax^2e^x\cos x$

63. 微分方程 $y''+y=x^2+1+\sin x$ 的特解形式是 $y^*=$（　　）。
A. $Ax^2+Bx+C+D\sin x$　　B. $Ax^2+Bx+C+D\cos x$
C. $x(Ax^2+Bx+C+D\sin x+E\cos x)$　　D. $Ax^2+Bx+C+x(D\sin x+E\cos x)$

四、章节检测

章节检测试卷（A 卷）

（一）填空题（每空 4 分，共 20 分）

1. 微分方程 $(y')^3+y''\sin x-(y')^2=y$ 的阶数是 _____。

2. 曲线 $y=f(x)$ 过点 $\left(0,\dfrac{1}{2}\right)$ 且其上任一点 (x,y) 处的切线斜率为 $x\ln(1+x^2)$，则 $f(x)=$ _____。

3. 微分方程 $xy'=y$ 的通解是 _____。

4. 微分方程 $y''=e^{2x}-\sin x$ 的通解是 _____。

5. 微分方程 $y''-2y'+y=0$ 的通解是 _____。

（二）单项选择题（每题 4 分，共 20 分）

1. 下列微分方程中是线性方程的是（　　）
A. $e^{xy}y'=y$　　B. $\dfrac{\sin x}{x}y''+x^2y'+y\ln x=e^{-x}$
C. $y''-y'+2y=\dfrac{x}{y}$　　D. $(y+1)y'=x+1$

2. 微分方程 $y'=\sqrt{\dfrac{1-y^2}{1-x^2}}$ 的通解是（　　）。
A. $\arcsin y=\arcsin x+C$　　B. $\arcsin y=\sin x+C$
C. $\sin y=\arcsin x+C$　　D. $\sin y=\sin x+C$

3. 微分方程 $y'=\dfrac{y}{x}+\dfrac{x}{y}$ 属于（　　）。
A. 齐次方程　　B. 可分离变量方程
C. 一阶线性非齐次方程　　D. 一阶线性齐次方程

4. 微分方程 $\dfrac{dy}{dx}=\dfrac{2y}{x-2y^3}$ 的通解是（　　）。
A. $x=-\dfrac{2}{5}\sqrt{y}+Cy^3$　　B. $x=C\sqrt{y}-\dfrac{5}{2}y^3$
C. $x=C\sqrt{y}-\dfrac{2}{5}y^3$　　D. $x=C\sqrt{y}-y^3$

5. 微分方程 $y''+y'=2x$ 的一个解是（　　）。
A. $y=\cos x$　　B. $y=1+x$　　C. $y=x^2-2x$　　D. $y=e^{-x}$

(三)解答题(请写出必要的计算过程和推理步骤,每题 12 分,共 60 分)

1. 已知 $xyy'=1-x^2$,求 $y(1)=1$ 的特解。

2. 已知 $y'+\dfrac{4x}{1+x^2}y=\dfrac{1}{1+x^2}$,求 $y(0)=0$ 的特解。

3. 求 $y''-3(y')^2=0$ 满足初始条件 $y(0)=0, y'(0)=-1$ 的特解。

4. 求 $2y''+y'-y=2e^x$ 的通解。

5. 求 $y''-2y'+5y=e^x\sin 2x$ 的通解。

章节检测试卷（B 卷）

（一）填空题（每空 4 分，共 20 分）

1. 微分方程 $y'''-xy'+2y=1$ 的通解中所含独立任意常数的个数是_____。
2. 微分方程 $y'=-\dfrac{y}{x}$ 满足初始条件 $y|_{x=-2}=4$ 的特解是_____。
3. 微分方程 $y'+y\cos x=e^{-\sin x}$ 在 $(0,0)$ 点的特解是_____。
4. 微分方程 $y''-2y'=0$ 的通解是_____。
5. 微分方程 $y''+y=3\sin x$ 的一个特解是 $y^*=-\dfrac{3}{2}x\cos x$，则方程的通解是_____。

（二）单项选择题（每题 4 分，共 20 分）

1. 微分方程 $y''y^{(3)}-3(y')^8=x^6\ln x$ 的阶数是（　　）
   A. 5　　　　B. 8　　　　C. 6　　　　D. 3

2. 以函数 $y=-x$ 为解的微分方程是（　　）。
   A. $(x^2+y^2)\dfrac{dy}{dx}=3xy$　　　　B. $xy'-y=\sqrt{\dfrac{y}{x}}$
   C. $(x+2y)dx-xdy=0$　　　　D. $(y^2-2xy)dx+x^2dy=0$

3. 微分方程 $y'+y^2=\sin x$ 属于（　　）。
   A. 二阶方程　　　　B. 一阶线性方程
   C. 一阶非线性方程　　　　D. 可分离变量方程

4. 微分方程 $\dfrac{dx}{y}+\dfrac{dy}{x}=0$ 的通解是（　　）。
   A. $x^2+y^2=25$　　B. $x^2+y^2=C$　　C. $3x+4y=C$　　D. $y^2-x^2=7$

5. 微分方程 $y''+3y'+2y=1$ 的通解是（　　）。
   A. $y=C_1e^{-x}+C_2e^{-2x}+1$　　　　B. $y=C_1e^{-x}+C_2e^{-2x}+\dfrac{1}{2}$
   C. $y=C_1e^{x}+C_2e^{-2x}+1$　　　　D. $y=C_1e^{x}+C_2e^{-2x}+\dfrac{1}{2}$

（三）解答题（请写出必要的计算过程和推理步骤，每题 12 分，共 60 分）

1. 已知 $y'=2x(y+1)$，求 $y(0)=2$ 的特解。

2. 已知 $xy'+y=e^x$，求 $y(1)=e$ 的特解。

3. 求 $y''=1+(y')^2$ 满足初始条件 $y(0)=-1, y'(0)=0$ 的特解。

4. 求 $y''-4y'+4y=3e^{2x}$ 的通解。

5. 求 $y''-y'-2y=10\sin x$ 的通解。

五、答案解析

同步练习参考答案

专题一答案　1—5:ABCDA　　6—10:BBCBC　　11—15:BBADC

专题二答案　16—20:BCABB　　21—25:CDCAB　　26—30:BBDAA

　　　　　　31—35:DBABB　　36:D

专题三答案　37—38:AA

专题四答案　39—40:CC　　41—44:BAAD

专题五答案　45:A　　46—50:ABBDC

专题六答案　51—55:BBDAC　　56—60:DDDAC　　61—63:ABD

章节检测试卷（A卷）参考答案

(一) 填空题

1. 2　　2. $\frac{1}{2}[(1+x^2)\ln(1+x^2)-x^2+1]$　　3. $y=Cx$

4. $y=\frac{1}{4}e^{2x}+\sin x+C_1 x+C_2$　　5. $y=(C_1+C_2 x)e^x$

(二) 单项选择题

1—5:BAACC

(三)解答题

1. 解:$yy' = \dfrac{1}{x} - x$,$y\mathrm{d}y = \left(\dfrac{1}{x} - x\right)\mathrm{d}x$,$\int y\mathrm{d}y = \int\left(\dfrac{1}{x} - x\right)\mathrm{d}x$,$\dfrac{y^2}{2} = \ln|x| - \dfrac{x^2}{2} + \dfrac{C}{2}$,

即 $x^2 + y^2 = \ln x^2 + C$。

由 $y(1) = 1$ 得,$C = 2$,故 $x^2 + y^2 = \ln x^2 + 2$。

2. 解:$y = \mathrm{e}^{-\int\frac{4x}{1+x^2}\mathrm{d}x}\left(\int \mathrm{e}^{\int\frac{4x}{1+x^2}\mathrm{d}x}\dfrac{1}{1+x^2}\mathrm{d}x + C\right) = \mathrm{e}^{-2\ln(1+x^2)}\left(\int \mathrm{e}^{2\ln(1+x^2)}\dfrac{1}{1+x^2}\mathrm{d}x + C\right)$

$= \dfrac{1}{(1+x^2)^2}\left(\int(1+x^2)\mathrm{d}x + C\right) = \dfrac{1}{(1+x^2)^2}\left(x + \dfrac{1}{3}x^3 + C\right)$。

由 $y(0) = 0$ 得,$C = 0$,故 $y = \dfrac{1}{(1+x^2)^2}\left(x + \dfrac{x^3}{3}\right)$。

3. 解:设 $p = y'$,则方程变为 $p' = 3p^2$,$\dfrac{\mathrm{d}p}{p^2} = 3\mathrm{d}x$,$\int\dfrac{\mathrm{d}p}{p^2} = \int 3\mathrm{d}x$,$\dfrac{1}{p} = -3x + C_1$,

$\dfrac{1}{y'} = -3x + C_1$。由 $y'(0) = -1$ 得,$C_1 = -1$。

$\dfrac{1}{y'} = -3x - 1$,$y' = -\dfrac{1}{3x+1}$,$y = -\int\dfrac{1}{3x+1}\mathrm{d}x + C_2 = -\dfrac{1}{3}\ln|3x+1| + C_2$。

由 $y(0) = 0$ 得,$C_2 = 0$,故 $y = -\dfrac{1}{3}\ln|3x+1|$。

4. 解:$2y'' + y' - y = 0$ 的特征方程是 $2r^2 + r - 1 = 0$,特征根 $r = -1, \dfrac{1}{2}$,此方程通解是 $Y = C_1\mathrm{e}^{-x} + C_2\mathrm{e}^{\frac{x}{2}}$。

$2y'' + y' - y = 2\mathrm{e}^x$ 的特解设为 $y^* = a\mathrm{e}^x$,代入原方程得,$a = 1$。

$2y'' + y' - y = 2\mathrm{e}^x$ 的通解是 $y = Y + y^* = C_1\mathrm{e}^{-x} + C_2\mathrm{e}^{\frac{x}{2}} + \mathrm{e}^x$。

5. 解:$y'' - 2y' + 5y = 0$ 的特征方程是 $r^2 - 2r + 5 = 0$,特征根 $r = 1 \pm 2\mathrm{i}$,此方程通解是 $Y = \mathrm{e}^x(C_1\cos 2x + C_2\sin 2x)$。

$y'' - 2y' + 5y = \mathrm{e}^x\sin 2x$ 的特解设为 $y^* = x\mathrm{e}^x(a\cos 2x + b\sin 2x)$,代入原方程得,

$a = -\dfrac{1}{4}, b = 0$。

$y'' - 2y' + 5y = \mathrm{e}^x\sin 2x$ 的通解是 $y = Y + y^* = \mathrm{e}^x(C_1\cos 2x + C_2\sin 2x) - \dfrac{x}{4}\mathrm{e}^x\cos 2x$。

章节检测试卷(B 卷)参考答案

(一)填空题

1. 3   2. $y = -\dfrac{8}{x}$ 3. $y = x\mathrm{e}^{-\sin x}$

4. $y = C_1 + C_2\mathrm{e}^{2x}$ 5. $y = C_1\cos x + C_2\sin x - \dfrac{3}{2}x\cos x$

(二)单项选择题

1—5:DCCBB

(三)解答题

1. 解:$\dfrac{\mathrm{d}y}{y+1} = 2x\mathrm{d}x$,$\int\dfrac{\mathrm{d}y}{y+1} = \int 2x\mathrm{d}x$,$\ln|y+1| = x^2 + C_1$,即 $y = C\mathrm{e}^{x^2} - 1$。

由 $y(0)=2$ 得,$C=3$,故 $y=3\mathrm{e}^{x^2}-1$。

2. 解:$y'+\dfrac{1}{x}y=\dfrac{\mathrm{e}^x}{x}$。

$y=\mathrm{e}^{\int-\frac{1}{x}\mathrm{d}x}\left(\int \mathrm{e}^{\int\frac{1}{x}\mathrm{d}x}\dfrac{\mathrm{e}^x}{x}\mathrm{d}x+C\right)=\mathrm{e}^{-\ln x}\left(\int \mathrm{e}^{\ln x}\dfrac{\mathrm{e}^x}{x}\mathrm{d}x+C\right)=\dfrac{1}{x}(\mathrm{e}^x+C)$。

由 $y(1)=\mathrm{e}$ 得,$C=0$,故 $y=\dfrac{\mathrm{e}^x}{x}$。

3. 解:设 $p=y'$,则方程变为 $p'=1+p^2$,$\dfrac{\mathrm{d}p}{1+p^2}=\mathrm{d}x$,$\displaystyle\int\dfrac{\mathrm{d}p}{1+p^2}=\int\mathrm{d}x$,
$\arctan p=x+C_1$,即 $\arctan y'=x+C_1$。由 $y'(0)=0$ 得,$C_1=0$。
$\arctan y'=x$,$y'=\tan x$,$y=\displaystyle\int\tan x\mathrm{d}x=-\ln|\cos x|+C_2$。
由 $y(0)=-1$ 得,$C_2=-1$,故 $y=-\ln|\cos x|-1$。

4. 解:$y''-4y'+4y=0$ 的特征方程是 $r^2-4r+4=0$,特征根 $r=2$,此方程通解是
$Y=(C_1+C_2x)\mathrm{e}^{2x}$。

$y''-4y'+4y=3\mathrm{e}^{2x}$ 的特解设为 $y^*=ax^2\mathrm{e}^{2x}$,代入原方程得,$a=\dfrac{3}{2}$。

$y''-4y'+4y=3\mathrm{e}^{2x}$ 的通解是 $y=Y+y^*=(C_1+C_2x)\mathrm{e}^{2x}+\dfrac{3}{2}x^2\mathrm{e}^{2x}$。

5. 解:$y''-y'-2y=0$ 的特征方程是 $r^2-r-2=0$,特征根 $r=-1,2$,此方程通解是
$Y=C_1\mathrm{e}^{-x}+C_2\mathrm{e}^{2x}$。

$y''-y'-2y=10\sin x$ 的特解设为 $y^*=a\cos x+b\sin x$,代入原方程得,$a=1,b=-3$。

$y''-y'-2y=10\sin x$ 的通解是 $y=Y+y^*=C_1\mathrm{e}^{-x}+C_2\mathrm{e}^{2x}+\cos x-3\sin x$。

第二学期期末综合测试试卷(A 卷)

一、单项选择题(每题 2 分,共 20 分)

1. 如果 $\ln(x^2+1)$ 是 $f(x)$ 的一个原函数,则也是 $f(x)$ 的原函数的是( )。
   A. $\ln(x^2+2)$ B. $2\ln(x^2+2)$ C. $\ln(2x^2+2)$ D. $2\ln(x^2+1)$

2. 函数 $f(x)$ 在 $[a,b]$ 上连续是 $f(x)$ 在 $[a,b]$ 上可积的( )。
   A. 必要条件 B. 充分条件 C. 充要条件 D. 无关条件

3. $\int [f(x)+xf'(x)]dx = ($)。
   A. $f(x)+C$ B. $f'(x)+C$ C. $xf(x)+C$ D. $f^2(x)+C$

4. 由曲线 $y=\begin{cases} x+2, & -2\leqslant x<0 \\ 2\cos x, & 0\leqslant x\leqslant \frac{\pi}{2} \end{cases}$ 与 x 轴所围图形的面积是( )。
   A. $\frac{3}{2}$ B. 1 C. 4 D. $\frac{1}{2}$

5. $\int_{-\frac{\pi}{2}}^{\frac{\pi}{2}} \sqrt{\cos x - \cos^3 x}\, dx = ($)。
   A. 0 B. $\frac{3}{2}$ C. $\frac{4}{3}$ D. $-\frac{4}{3}$

6. 若 $\int_0^x f(t)dt = \frac{x^2}{4}$,则 $\int_0^4 \frac{1}{\sqrt{x}}f(\sqrt{x})dx = ($)。
   A. 16 B. 8 C. 4 D. 2

7. 设 $f(x)$ 在 $[0,+\infty)$ 上连续,若 $\int_0^x f(t)dt = x\sin x$,则 $f(\pi) = ($)。
   A. π B. 1 C. 0 D. $-\pi$

8. 设 $f(x)$ 是连续函数,且 $F(x) = \int_x^{e^{-x}} f(t)dt$,则 $F'(x) = ($)。
   A. $-e^{-x}f(e^{-x})-f(x)$ B. $-e^{-x}f(e^{-x})+f(x)$
   C. $e^{-x}f(e^{-x})-f(x)$ D. $e^{-x}f(e^{-x})+f(x)$

9. 下列广义积分收敛的是( )。
   A. $\int_0^{+\infty} \sin x\, dx$ B. $\int_0^{+\infty} e^{-2x}\, dx$ C. $\int_1^{+\infty} \frac{1}{x}\, dx$ D. $\int_1^{+\infty} \frac{1}{\sqrt{x}}\, dx$

10. 由曲线 $y=x^2$ 和直线 $y=x+2$ 围成的封闭图形的面积是( )。
    A. $\frac{9}{2}$ B. $\frac{3}{2}$ C. $\frac{7}{2}$ D. $\frac{5}{2}$

二、填空题(每题 2 分,共 10 分)

1. 如果 $y=k\tan(2x)$ 的一个原函数是 $\frac{2}{3}\ln\cos(2x)$,则 $k=$ _____。

2. 分解有理分式 $\frac{1}{(1+2x)(1+x^2)}$ 为部分分式之和 _____。

3. $\int_{-6}^{0} \sqrt{36-x^2}\,dx = $ _____。

4. $\int_{-\pi}^{\pi} \dfrac{x^3 \cos x}{x^2+1}\,dx = $ _____。

5. $\dfrac{d}{dx}\Big[\int_{a}^{x} \varphi(x) f(t)\,dt\Big] = $ _____。

三、计算题(每题 7 分,共 70 分)

1. 求 $\int \dfrac{\cos 2x}{1+\sin x \cos x}\,dx$。

2. 求 $\int_{0}^{1} x\sqrt{(1-x^2)^3}\,dx$。

3. 求 $\int \dfrac{dx}{\sin x \cos^3 x}$。

4. 求 $\int \cot^6 x \csc^4 x\,dx$。

5. 求 $\int_0^3 x\sqrt{1+x}\,dx$。

6. 求 $\int_0^{2\pi} x\cos^2 x\,dx$。

7. 求 $\int x\dfrac{\cos x}{\sin^3 x}\,dx$。

8. 求 $\int \dfrac{x+1}{x^2-2x+5}\,dx$。

9. 求由曲线 $y=\dfrac{x^2}{2}$ 和 $y=\dfrac{x^3}{8}$ 所围成的平面图形绕 x 轴旋转所得的旋转体的体积。

10. 求曲线 $\begin{cases} x = \cos t + t\sin t \\ y = \sin t - t\cos t \end{cases}, t \in [0, 2\pi]$ 的弧长。

第二学期期末综合测试试卷（B卷）

一、单项选择题（每题2分，共10分）

1. 若 x^2+1 是 $f(x)$ 的一个原函数，则 $f(x)=$（　　）。

   A. $\dfrac{x^3}{3}$ 　　　　B. x^2+1 　　　　C. $2x$ 　　　　D. 2

2. 下列结论不正确的是（　　）。

   A. $\displaystyle\int \dfrac{1}{1-x^2}\mathrm{d}x = \arctan x + C$ 　　　　B. $\displaystyle\int \sec^2 x\,\mathrm{d}x = \tan x + C$

   C. $\displaystyle\int \dfrac{1}{\sqrt{1-x^2}}\mathrm{d}x = \arcsin x + C$ 　　　　D. $\displaystyle\int \cos 2x\,\mathrm{d}x = \dfrac{1}{2}\sin 2x + C$

3. 已知 $f(x)+C=\displaystyle\int \sin x\,\mathrm{d}x$，则 $f'\left(\dfrac{\pi}{2}\right)=$（　　）。

   A. 0 　　　　B. 1 　　　　C. $\sin x$ 　　　　D. $\cos x$

4. $\dfrac{\mathrm{d}}{\mathrm{d}x}\displaystyle\int_0^1 \dfrac{1}{\sqrt{1+x^2}}\mathrm{d}x=$（　　）。

   A. $\dfrac{\mathrm{d}x}{\sqrt{1+x^2}}$ 　　　　B. $\dfrac{1}{\sqrt{1+x^2}}$ 　　　　C. 0 　　　　D. $\dfrac{\pi}{4}$

5. $\displaystyle\int_{-1}^{1}(2+x\ln(1+x^2))\mathrm{d}x=$（　　）。

   A. 4 　　　　B. 2 　　　　C. -2 　　　　D. 0

二、填空题（每题2分，共10分）

6. $f(x)$ 的一个原函数为 $x\ln x$，则 $f'(x)=$ ＿＿＿＿＿＿＿。

7. 设 $f(x)=\displaystyle\int_1^{x^2} \ln t\,\mathrm{d}t$，则 $f'(x)=$ ＿＿＿＿＿＿＿。

8. 如果 $b>0$，且 $\displaystyle\int_1^b \ln x\,\mathrm{d}x=1$，则 $b=$ ＿＿＿＿＿＿＿。

9. $\displaystyle\int_{-1}^{1} \sqrt{1-x^2}\,\mathrm{d}x=$ ＿＿＿＿＿＿＿。

10. 设 $f(x)=\begin{cases} x^2, & 0\leqslant x\leqslant 1 \\ 2-x, & 1<x\leqslant 2 \end{cases}$，则 $\displaystyle\int_0^2 f(x)\mathrm{d}x=$ ＿＿＿＿＿＿＿。

三、计算题（每题8分，共80分）

11. $\displaystyle\int \dfrac{x^3}{1+x^2}\mathrm{d}x$。

12. $\int \cos^2 x \sin^5 x \, dx$。

13. $\int \dfrac{\sin 2x}{1 + \cos^4 x} \, dx$。

14. $\int 2x(\cos x - e^{x^2}) \, dx$。

15. $\lim\limits_{x \to 0} \dfrac{\int_0^x t^2 \, dt}{\int_0^x (1 - \cos t) \, dt}$。

16. $\int_0^3 \dfrac{x}{1 + \sqrt{1+x}} \, dx$。

17. $\int_{-1}^{1} x\arctan x\,\mathrm{d}x$。

18. 已知 $f(0)=1, f(2)=2, f'(2)=5$，求 $\int_{0}^{1} xf''(2x)\,\mathrm{d}x$。

19. 求抛物线 $y=3-x^2$ 与直线 $y=2x$ 所围成图形的面积。

20. 求曲线 $y=x^2, y=(x-1)^2$ 及 y 轴围成的图形绕 y 轴旋转所得到的旋转体的体积 V。

第二学期期末综合测试试卷（A卷）参考答案

一、单项选择题

1—5：CBCCC   6—10：DDABA

二、填空题

1. $-\dfrac{4}{3}$ 2. $\dfrac{\frac{4}{5}}{1+2x}+\dfrac{-\frac{2}{5}x+\frac{1}{5}}{1+x^2}$ 3. 9π

4. 0 5. $\varphi'(x)\displaystyle\int_a^x f(t)\mathrm{d}t+\varphi(x)f(x)$

三、计算题

1. 解：原式 $=\displaystyle\int\dfrac{\cos 2x}{1+\frac{1}{2}\sin 2x}\mathrm{d}x=\int\dfrac{\mathrm{d}\left(1+\frac{1}{2}\sin 2x\right)}{1+\frac{1}{2}\sin 2x}=\ln\left|1+\dfrac{1}{2}\sin 2x\right|+C$。

2. 解：原式 $=-\dfrac{1}{2}\displaystyle\int_0^1\sqrt{(1-x^2)^3}\mathrm{d}(1-x^2)=-\dfrac{1}{5}\sqrt{(1-x^2)^5}\Big|_0^1=\dfrac{1}{5}$。

3. 解：原式 $=\displaystyle\int\dfrac{1}{\tan x\cos^2 x}\cdot\dfrac{\mathrm{d}x}{\cos^2 x}=\int\dfrac{1+\tan^2 x}{\tan x}\mathrm{d}\tan x=\int\left(\dfrac{1}{\tan x}+\tan x\right)\mathrm{d}\tan x$

   $=\ln|\tan x|+\dfrac{1}{2}\tan^2 x+C$。

4. 解：原式 $=-\displaystyle\int\cot^6 x(1+\cot^2 x)\mathrm{d}\cot x=-\int(\cot^6 x+\cot^8 x)\mathrm{d}\cot x$

   $=-\dfrac{\cot^7 x}{7}-\dfrac{\cot^9 x}{9}+C$。

5. 解：设 $\sqrt{1+x}=t$，即 $x=t^2-1$，$\mathrm{d}x=2t\mathrm{d}t$。$x=0$ 时，$t=1$；$x=3$ 时，$t=2$。

   原式 $=\displaystyle\int_1^2(t^2-1)t\cdot 2t\mathrm{d}t=2\int_1^2(t^4-t^2)\mathrm{d}t=2\left[\dfrac{t^5}{5}-\dfrac{t^3}{3}\right]_1^2=\dfrac{116}{15}$。

6. 解：原式 $=\dfrac{1}{2}\displaystyle\int_0^{2\pi}x(1+\cos 2x)\mathrm{d}x=\dfrac{1}{2}\int_0^{2\pi}x\mathrm{d}x+\dfrac{1}{4}\int_0^{2\pi}x\mathrm{d}\sin 2x$

   $=\dfrac{x^2}{4}\Big|_0^{2\pi}+\dfrac{1}{4}\left(x\sin 2x\Big|_0^{2\pi}-\int_0^{2\pi}\sin 2x\mathrm{d}x\right)$

   $=\pi^2+\dfrac{1}{8}\cos 2x\Big|_0^{2\pi}=\pi^2$。

7. 解：原式 $=\displaystyle\int x\cot x\cdot\csc^2 x\mathrm{d}x=-\int x\cot x\mathrm{d}\cot x=-\dfrac{1}{2}\int x\mathrm{d}\cot^2 x$

   $=-\dfrac{1}{2}x\cot^2 x+\dfrac{1}{2}\displaystyle\int\cot^2 x\mathrm{d}x=-\dfrac{1}{2}x\cot^2 x+\dfrac{1}{2}\int(\csc^2 x-1)\mathrm{d}x$

   $=-\dfrac{1}{2}x\cot^2 x-\dfrac{1}{2}\cot x-\dfrac{1}{2}x+C$。

8. 解：原式 $=\displaystyle\int\dfrac{\frac{1}{2}(2x-2)+2}{x^2-2x+5}\mathrm{d}x=\dfrac{1}{2}\int\dfrac{\mathrm{d}(x^2-2x+5)}{x^2-2x+5}+\int\dfrac{2}{(x-1)^2+4}\mathrm{d}x$

$$= \frac{1}{2}\ln|x^2-2x+5| + \int \frac{1}{\left(\frac{x-1}{2}\right)^2+1} d\frac{x-1}{2}$$

$$= \frac{1}{2}\ln|x^2-2x+5| + \arctan\frac{x-1}{2} + C。$$

9. 解：曲线 $y=\frac{x^2}{2}$ 和 $y=\frac{x^3}{8}$ 的交点是 $(0,0),(4,8)$. 所求体积

$$V = \pi\int_0^4 \left(\frac{x^4}{4} - \frac{x^6}{64}\right)dx = \pi\left[\frac{x^5}{20} - \frac{x^7}{448}\right]_0^4 = \frac{512}{35}\pi。$$

10. 解：$dx = t\cos t\, dt, dy = t\sin t\, dt$，所求弧长为 $\int_0^{2\pi} t\, dt = \frac{t^2}{2}\bigg|_0^{2\pi} = 2\pi^2$。

第二学期期末综合测试试卷(B卷)参考答案

一、单项选择题

1—5：CABCA

二、填空题

6. $\dfrac{1}{x}$ 7. $2x \cdot \ln x^2$ 8. e 9. $\dfrac{\pi}{2}$ 10. $\dfrac{5}{6}$

三、解答题

11. 解：$\displaystyle\int \dfrac{x^3}{1+x^2}\mathrm{d}x = \int \dfrac{x(1+x^2)-x}{1+x^2}\mathrm{d}x$

$\qquad\qquad\qquad = \displaystyle\int \left(x - \dfrac{x}{1+x^2}\right)\mathrm{d}x = \int x\mathrm{d}x - \int \dfrac{x}{1+x^2}\mathrm{d}x$

$\qquad\qquad\qquad = \dfrac{x^2}{2} - \dfrac{1}{2}\displaystyle\int \dfrac{\mathrm{d}(1+x^2)}{1+x^2}$

$\qquad\qquad\qquad = \dfrac{x^2}{2} - \dfrac{1}{2}\ln(1+x^2) + C。$

12. 解：$\displaystyle\int \cos^2 x \sin^5 x \mathrm{d}x = \int \cos^2 x \cdot \sin^4 x \cdot \sin x \mathrm{d}x$

$\qquad\qquad\qquad = -\displaystyle\int \cos^2 x \cdot \sin^4 x \mathrm{d}(\cos x)$

$\qquad\qquad\qquad = -\displaystyle\int \cos^2 x \cdot (\sin^2 x)^2 \mathrm{d}(\cos x)$

$\qquad\qquad\qquad = -\displaystyle\int \cos^2 x \cdot (1-\cos^2 x)^2 \mathrm{d}(\cos x)$

$\qquad\qquad\qquad \xlongequal{u=\cos x} -\displaystyle\int u^2 \cdot (1-u^2)^2 \mathrm{d}u = \int (2u^4 - u^6 - u^2)\mathrm{d}u$

$\qquad\qquad\qquad = \dfrac{2u^5}{5} - \dfrac{u^7}{7} - \dfrac{u^3}{3} + C = \dfrac{2\cos^5 x}{5} - \dfrac{\cos^7 x}{7} - \dfrac{\cos^3 x}{3} + C。$

13. 解：$\displaystyle\int \dfrac{\sin 2x}{1+\cos^4 x}\mathrm{d}x = \int \dfrac{2\sin x \cos x}{1+\cos^4 x}\mathrm{d}x = \int \dfrac{2\sin x \cos x}{1+(\cos^2 x)^2}\mathrm{d}x$

$\qquad\qquad\qquad = -\displaystyle\int \dfrac{\mathrm{d}(\cos^2 x)}{1+(\cos^2 x)^2} = -\arctan(\cos^2 x) + C。$

14. 解：$\displaystyle\int 2x(\cos x - \mathrm{e}^{x^2})\mathrm{d}x = 2\int x\cos x\mathrm{d}x - \int 2x \cdot \mathrm{e}^{x^2}\mathrm{d}x$

$\qquad\qquad\qquad = 2\displaystyle\int x\mathrm{d}\sin x - \int \mathrm{e}^{x^2}\mathrm{d}x^2$

$\qquad\qquad\qquad = 2(x\sin x - \displaystyle\int \sin x\mathrm{d}x) - \mathrm{e}^{x^2}$

$\qquad\qquad\qquad = 2x\sin x + 2\cos x - \mathrm{e}^{x^2} + C。$

15. 解：$\displaystyle\lim_{x\to 0}\dfrac{\int_0^x t^2\mathrm{d}t}{\int_0^x (1-\cos t)\mathrm{d}t} = \lim_{x\to 0}\dfrac{x^2}{1-\cos x} = \lim_{x\to 0}\dfrac{x^2}{\dfrac{1}{2}x^2} = 2。$

16. 解：$\int_0^3 \dfrac{x}{1+\sqrt{1+x}}\mathrm{d}x \xrightarrow{u=\sqrt{1+x}} \int_1^2 \dfrac{u^2-1}{1+u}\mathrm{d}(u^2-1)$

$= \int_1^2 (u-1)\mathrm{d}(u^2-1) = 2\int_1^2 (u^2-u)\mathrm{d}u$

$= \left(\dfrac{2}{3}u^3-u^2\right)\Big|_1^2 = \dfrac{5}{3}$。

17. 解：$\int_{-1}^1 x\arctan x\mathrm{d}x = 2\int_0^1 x\arctan x\mathrm{d}x = \int_0^1 \arctan x\mathrm{d}x^2$

$= x^2\arctan x\Big|_0^1 - \int_0^1 x^2\mathrm{d}\arctan x$

$= \dfrac{\pi}{4} - \int_0^1 x^2\cdot\dfrac{1}{1+x^2}\mathrm{d}x = \dfrac{\pi}{4} - \int_0^1 \left(1-\dfrac{1}{1+x^2}\right)\mathrm{d}x$

$= \dfrac{\pi}{4} - (x-\arctan x)\Big|_0^1 = \dfrac{\pi}{2}-1$。

18. 解：$\int_0^1 xf''(2x)\mathrm{d}x = \dfrac{1}{2}\int_0^1 x\mathrm{d}f'(2x) = \dfrac{1}{2}xf'(2x)\Big|_0^1 - \dfrac{1}{2}\int_0^1 f'(2x)\mathrm{d}x$

$= \dfrac{1}{2}xf'(2x)\Big|_0^1 - \dfrac{1}{4}\int_0^1 f'(2x)\mathrm{d}(2x)$

$\xrightarrow{u=2x} \dfrac{1}{2}f'(2) - \dfrac{1}{4}\int_0^2 f'(u)\mathrm{d}u$

$= \dfrac{1}{2}f'(2) - \dfrac{1}{4}f(u)\Big|_0^2 = \dfrac{5}{2} - \dfrac{1}{4}[f(2)-f(0)] = \dfrac{9}{4}$。

19. 解：$\begin{cases} y=3-x^2 \\ y=2x \end{cases} \Rightarrow x^2+2x-3=0 \Rightarrow x_1=-3, x_2=1$，得到两曲线的交点为$(-3,-6)$

和$(1,2)$（见下图），此类型属于"上下型"，故

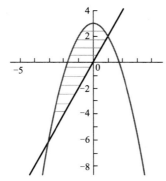

$S = \int_{-3}^1 [(3-x^2)-2x]\mathrm{d}x$

$= \left(3x-\dfrac{x^3}{3}-x^2\right)\Big|_{-3}^1$

$= \dfrac{32}{3}$。

20. 解：$\begin{cases} y=(x-1)^2 \\ y=x^2 \end{cases} \Rightarrow x=\dfrac{1}{2}$，得到两曲线的交点为$\left(\dfrac{1}{2},\dfrac{1}{4}\right)$；$y=(x-1)^2$ 与 y 轴的交点

为$(0,1)$。如下图所示，体积 V 为 $y=\dfrac{1}{4}$ 以下部分旋转得到的立体体积 V_1 和以上部分旋转得

到的立体体积 V_2 的和,故

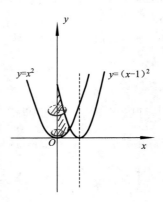

$$V = V_1 + V_2 = \int_0^{\frac{1}{4}} \pi(\sqrt{y})^2 \mathrm{d}y + \int_{\frac{1}{4}}^1 \pi(1-\sqrt{y})^2 \mathrm{d}y$$
$$= \pi \int_0^{\frac{1}{4}} y \mathrm{d}y + \pi \int_{\frac{1}{4}}^1 (1 - 2\sqrt{y} + y) \mathrm{d}y$$
$$= \frac{\pi}{2} y^2 \Big|_0^{\frac{1}{4}} + \pi \left(y - \frac{4}{3} y^{\frac{3}{2}} + \frac{y^2}{2} \right) \Big|_{\frac{1}{4}}^1 = \frac{\pi}{12}。$$